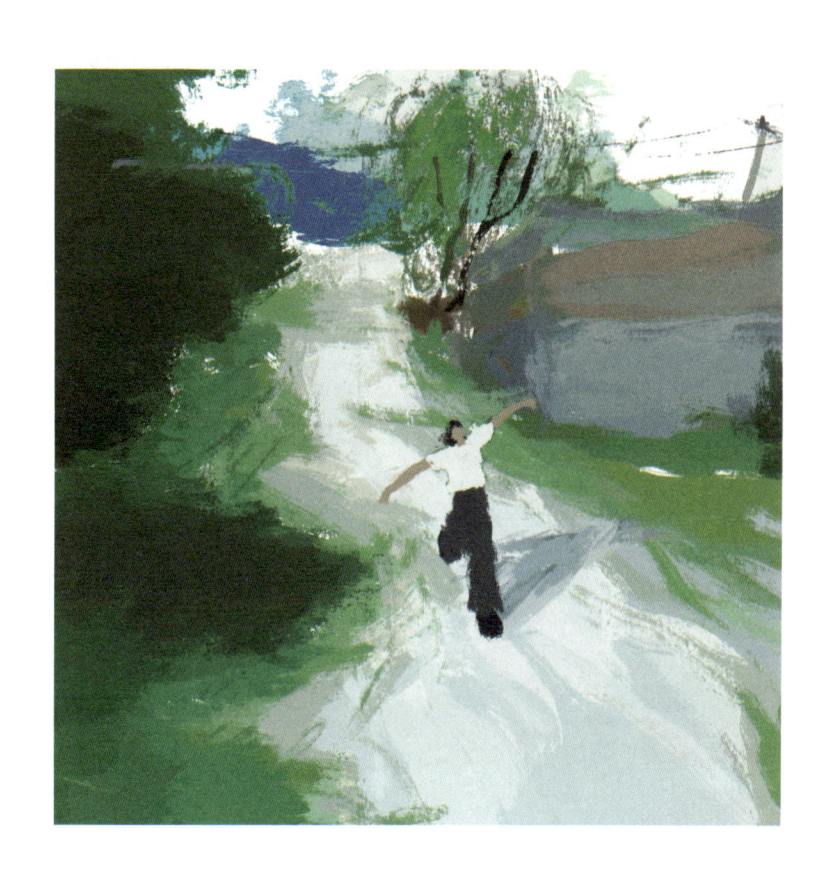

比起情绪稳定,我更想要情绪自由。
消耗你的人和事,多看一眼都是你的不对。

一个人过于为别人着想，把精力和心思都放到他人身上，忽视自己，十有八九输得一败涂地。

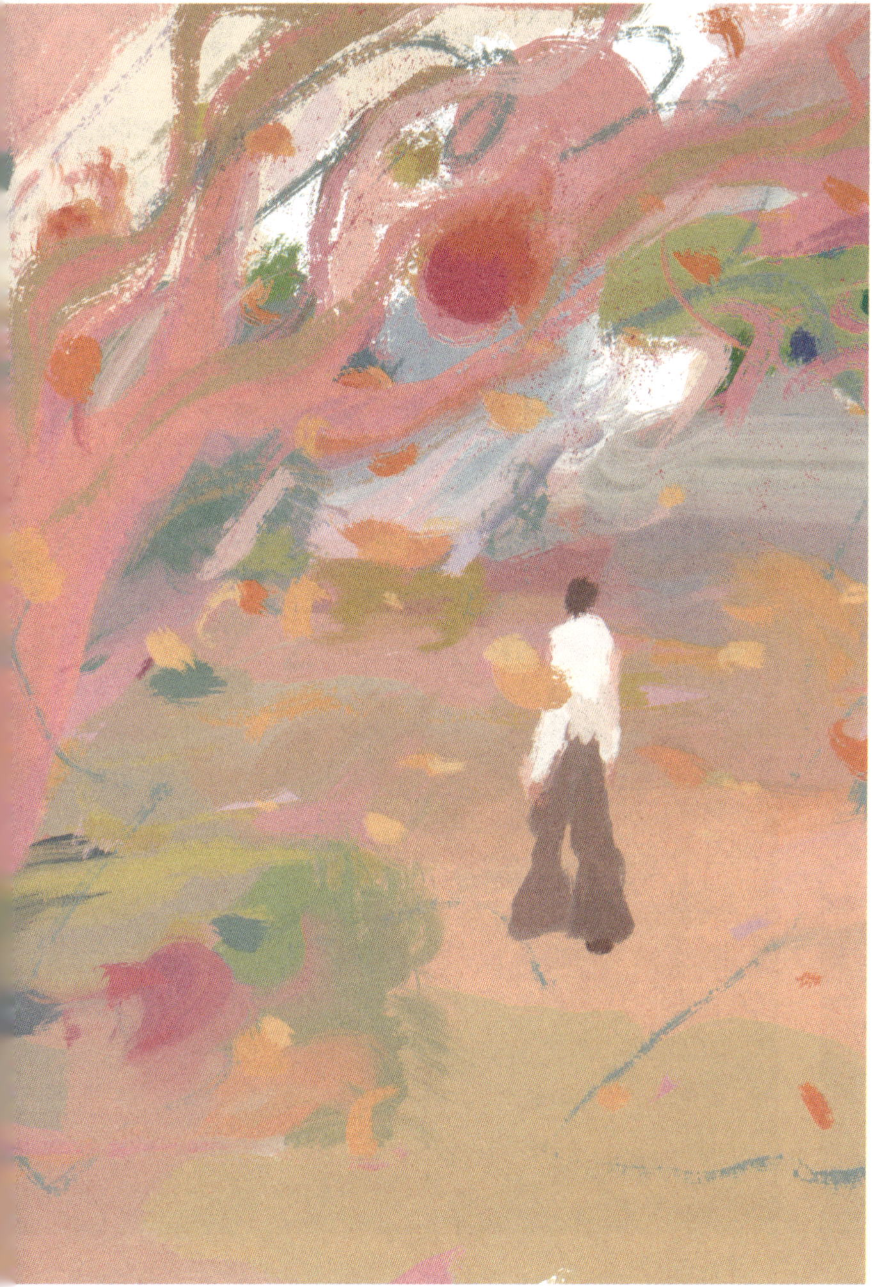

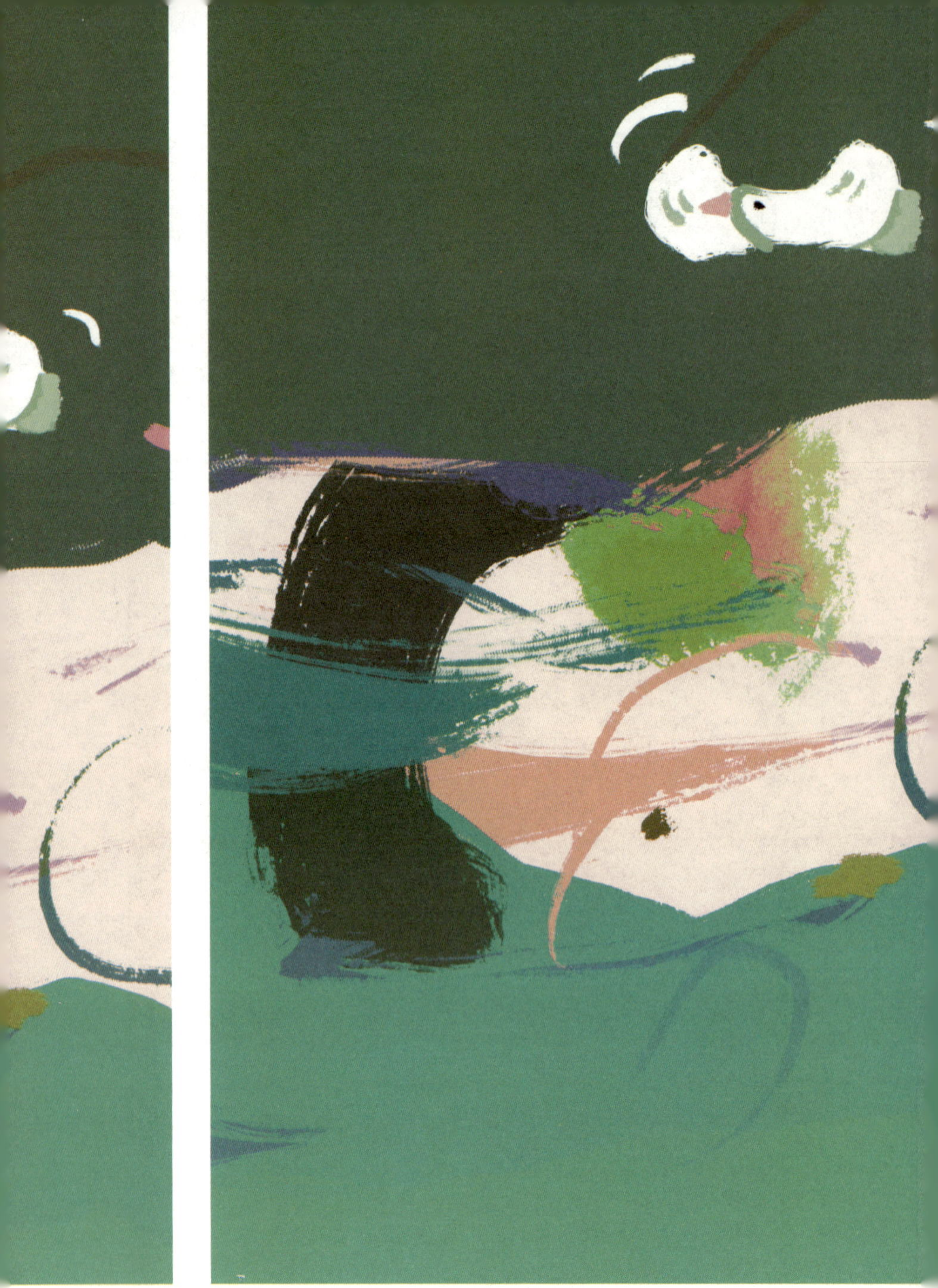

先讨好自己，至于别人看心情。

在"躺平"和"内卷"之间选择适度外耗,
为自己松绑,是一个人变好的开始。

先别怪自己

适度外耗,
为自己松绑

大忘路◎著

苏州新闻出版集团
古吴轩出版社

图书在版编目（CIP）数据

先别怪自己：适度外耗，为自己松绑 / 大忘路著. —— 苏州：古吴轩出版社，2024.7
ISBN 978-7-5546-2338-1

Ⅰ.①先… Ⅱ.①大… Ⅲ.①人生哲学－通俗读物 Ⅳ.①B821-49

中国国家版本馆CIP数据核字(2024)第065845号

责任编辑：李　倩
出版策划：周　彤　胡昭行
装帧设计：异一设计

书　　名	先别怪自己：适度外耗，为自己松绑
著　　者	大忘路
出版发行	苏州新闻出版集团
	古吴轩出版社
	地址：苏州市八达街118号苏州新闻大厦30F
	电话：0512-65233679　　邮编：215123
出 版 人	王乐飞
印　　刷	天津旭非印刷有限公司
开　　本	880mm×1230mm　1/32
印　　张	7.25
字　　数	113千字
版　　次	2024年7月第1版
印　　次	2024年7月第1次印刷
书　　号	ISBN 978-7-5546-2338-1
定　　价	56.00元

如有印装质量问题，请与印刷厂联系。022-69485800

序

学会接纳真实的自己，
才能坦然面对生活的洪流

每年年关将至的时候，我都会问自己一个问题：今年你最大的收获是什么？

这对所有人来说，恐怕都是一个不好回答的问题。站在年尾回顾一年的生活，才会发觉似乎一切都和以前不一样了，我们很难用简单的几个词或者几句话精准地概括自己的变化。

世界发展得太快了，大家嘴里讨论最多的热词从以前的"后浪""小目标""草根逆袭"变成了如今的"摆烂""躺平""内耗"，还有那一句比一句让人啼笑皆非的"发疯文学"。唯一不变的，是一年比一年更加严重的"内卷"。

这么突如其来的变化，仿佛是一辆全速行驶的高铁突然一脚刹车，就把还没到站的我们留在了一片荒野之中，我们下车举目四望，周围只有茫茫夜色，"前已无通路，后不见归途"，我们互相看出彼此眼中的迷茫。

我曾经一向自许自己是个从不内耗的人，甚至一度觉得内耗纯粹就是在浪费时间：有问题就去解决问题啊；没有问题就去认真学习，努力工作啊；心里实在别扭，就出去小酌一杯助眠，醒来又是崭新的一天。这个世界有这么多事儿等着我去做，怎么会有人有时间内耗呢！

俗话说，枪打出头鸟，刀砍地头蛇。列车骤停的瞬间，冲在前面、惯性最大的人先磕一头包。当我迎着希望，怀揣梦想去拥抱生活，却发现自己最先吃了生活的一个巴掌：喜欢的行业，环境一天一天变差，眼看着走向黄昏；想追求自己的梦想，却发现每条赛道上都人满为患，根本没有自己的一席之地；生活的压力和背负的责任更像是压垮骆驼的最后一根稻草。于是我愈发迷茫，不禁开始怀疑自己：是我错了吗？是我对未来的期许太高了吗？是我自己的能力还差得太远吗？或者不是我的问题？那我又该怎么办呢？

想着想着，我突然意识到，这，就是内耗的开始。

不健康的心理暗示一旦出现，便会投射到生活的方方面面，人一旦开始内耗，便是永无止境的。当我开始不再坚定地相信自己，我的气场立刻弱了下来，身边的其他人便也会开始怀疑我，这就让我更加内耗，不知道自己该如何符合别人的期待，赢得别人的信任，于是恶性循环便出现了，我陷入到了一种盲目自证的误区，很难再跳脱出来。

于是我学会了适应，学会了讨好。外面的世界没有我的容身之所，我就躲回家里；工作中实现不了人生的意义，我就在和朋友的闲聚中纸上谈兵；书籍和电影没法再让我获得慰藉，我就沉迷追剧和游戏……人的"适应能力"是很强的嘛！你要批评我，我就左耳进右耳出；你要捶打我，我就躺地上耍赖不起来——世界以痛吻我，我就嬉皮笑脸说：没亲够，再亲一个呗。

这么一来，我好像确实没那么难受了，但是心里似乎总有一个东西别别扭扭地想露头。这种感觉平时大抵不会出现，只有在狂欢结束后独自回家的路上，在加了一晚上班倒在床上放下手机的瞬间，或是在突然听到一段曾经十分熟悉的旋律时，才会突然跳出来，顶我一下。于是我极力为自己塑造的伪装一下子被戳破，不得不重新面对浑身赤裸的自己。

或许绝大多数内耗型的人都是如此吧，我们习惯了向他人妥协、向工作妥协、向周围的一切妥协、向全世界妥协，却偏偏忘记了向我们自己妥协。我们"穿起一身金衣装……跻身缤纷的色彩",但是我们无法接纳和拥抱自己。我们的外在与内心背道而驰,渐行渐远,甚至忘了曾经自己意气风发的模样。

我也想过改变,但这绝非易事。我已经习惯于取悦别人,给别人赔笑脸,出了问题先自责,努力让自己成为"顺应潮流、跟随时代"(随波逐流)的人。

直到我看到大忘路的公众号。

第一次看到他们文章的时候,我就狠狠地"共情"了,我想,果然不只是我,你看,大家都面临这样的问题吧!再往后看着看着,我突然有种豁然开朗的感觉。很多困扰我很久的问题,在他们的笔下就这么轻轻松松地被解决了。我突然想,对啊!我怎么就没想到,事情还可以有这么简单的解决办法呢?

后来我反思了一下自己,这才察觉到,我是从根本上就错了。我只是在面对问题的时候试图不再考虑别人,不再反思自己,而不是首先站在自己的角度思考,我不再是自己的主体,这才导致我的精神内耗越来越严重。于是我开始尝试先不怪自己,就用自己的方式去思考,再尝试跟外部沟通,果然发现这样好轻松。而当我的状态松弛了,别人也并没有像我预想的一样觉得受到冒犯,反而他们也放松了不少。

今年，因为要做这本书，我有幸认识了大忘路的主创少女心001、排版002、保安007，也就是这本书的三位作者。对于这个世界正在发生的变化，他们总能给出一个精妙的结论，也总能挖掘出我们内心真实的想法。读他们的文章，就像内耗时，有人向你伸出一只手，"嘿，朋友，relax（放松），大家都一样烂，但大家都没放弃，不是吗"，很难不被安慰到。

回到我一开始给大家抛出的问题。让我来回答的话，今年我的收获就是，我真正拥抱了自己。我觉得这并不是一件容易的事。在纷杂的环境里，能不为外界所影响地找到我自己，就已经很难了，更不要说是尝试接纳。所以我也很感谢在我的工作中能够接触到这样一本书，这样一个公众号。如果没有他们，即使我能做到，这个过程应该也会非常艰辛。

无论时代怎么发展，世界怎样变迁，不管命运的高铁将我们留在什么地方，我们只需要接纳真实的自己，就能做到岿然不动，坦然面对生活的洪流。

尝试拥抱自己，就让我们从拥抱一个无所事事的下午，静下心来，翻开这本书开始吧。

胡昭行

目 录
Contents

Chapter 1
比起情绪稳定，我更想要情绪自由

不被情绪裹挟才是更高级的自由，你要允许一切发生。

"觉得老天太眷顾我了，忍不住红了一下眼眶" / 002

生活是笑话，别哭着听它 / 008

比起情绪稳定，我更想要情绪自由 / 013

大家好，我叫"不紧张" / 020

我没有迷路，我是在自由探索地图 / 027

小狗治好了我的精神内耗 / 034

命运的齿轮开始转动 / 040

Chapter 2

身体是自己的，别再因别人的看法而焦虑

亲爱的，你生而美好，接纳自己远比完美重要。别人的赞美和讥笑，都不是你评判自己的标准。

当代女生最好的"医美"是什么 / 048

不 P 小肚子的人先自由 / 055

不要认为没人爱你，你的身体每时每刻都在爱你 / 062

天大的事儿，也别耽误吃饭 / 067

运动的快乐，我终于找到了 / 073

最严重的病，是觉得自己有病 / 079

Chapter 3

你是自己世界的中心，别一味顺应环境

任何一个你不喜欢又离不开的地方，就是"监狱"。希望你拼命成为一个有力量破釜沉舟的人。

当上班让你痛苦，赶紧换个班上 / 086

"在北京，没人说你的闲话" / 092

关闭"朋友圈"后，我变得快乐多了 / 098

请给我一群"心大"的朋友 / 104

"躺平"三年，人会变成什么样？ / 111

再重要的工作也不能耽误我种菜！ / 117

Chapter 4

找到自己世界的节奏，不去追赶，只去到达

每个人在自己的时区里都有自己的节奏。在你自己的时区里，你没有迟到，也没有早退。

朋友们好像过得都比我好 / 124

我果然拥有了 20 岁时没有的东西 / 131

30 岁以后，人生有了些些变化 / 137

与其补短板，不如让长板更长 / 146

强硬起来，让自己更高效地工作 / 152

为什么倒霉的总是我？ / 158

Chapter 5

将自己的感受置顶，活在自己喜欢的状态里

把自己还给自己，把别人还给别人，让花成花，让树成树。做好自己，才有余力爱别人。

表达"不舒服"后，我舒服了 / 166

你没有必要向一切都道歉 / 172

任何关系，都要好好道别 / 178

说一个"不"字，到底有多难？ / 184

我允许朋友让我失望 / 189

以后一直是好朋友啦！ / 196

要想内核稳，就不要怕被拒绝 / 204

别当毫无底线的"好人" / 210

Chapter 1
比起情绪稳定，
我更想要情绪自由

不被情绪裹挟才是更高级的自由，
你要允许一切发生。

"觉得老天太眷顾我了，忍不住红了一下眼眶"

学会欣赏和享受当下的人生，不是安于平凡，而是一种生活的智慧。

文 / 少女心 001

这个标题来自一位网友，他在描述和女朋友依偎在沙发里的幸福感时，写下了这样的句子。很简单的一句话，却戳中了我。

能猝不及防打动人的不见得是轰轰烈烈的事件，有时往往一个温馨的瞬间，一句朴实无华的内心独白，就能莫名触动人心。眼之所见，皆成风景。

还记得几年前，我刷微博的时候，曾刷到过前同事发表的感慨。他提到在医院陪护家人时，一次次目睹ICU病房外家属们的眼泪，久久无法释怀。人们常说医院的墙壁比教堂聆听过更虔诚的祈祷，生死面前，当命运无法被左右时，人们挣扎着也想要求一条生路的迫切总是令人动容。当时读到那些话，我也跟着难过了起来,当时就很想抱抱身边的人。

他人的苦难让我警醒,会提醒我,健康平安的日子要好好珍惜。因为人心贪婪,"天下熙熙,皆为利来;天下攘攘,皆为利往",四平八稳的日子里,我们追逐着"得不到",不甘于"已失去",却往往忘了,宁静与平淡也是一种幸福。

没想到几年以后,自己曾经畏惧的、假想过的痛苦竟真实发生在了自己的身上,ICU 门口的眼泪我也真实经历过了,这次不再是共情他人的悲痛,而是成了亲历者。

人总是在生病时怀念健康的日子,在失去后懊恼没有珍惜。当我再回看过去的人生,那些焦虑的、慌张的、不甘的,在当时看来无聊平淡的日子,现在看起来,却是无比幸福和珍贵,让人向往的。

原来我身在福中不知福,曾经生活在岁月静好的平淡中,却不知感恩。

在没经历更糟糕的变故之前,我会本能地觉得一切都该顺利,好的事情都是应该的,是天经地义的;一切不顺心的、受挫的事情都是个人命运里的不公平。

如果总是这样想，需要抱怨和自怜的事情就太多了，可能很难真正感受到幸福吧。

直到有一天，当突如其来的厄运打破了平静的生活，我们失去了人生基本盘的稳定时，我们才会悔恨自己当初是多么不知道珍惜和感恩，才会意识到原来当时平淡的生活里有这么多得到上天眷顾的美好，比如健康，比如家人团圆，比如爱人的陪伴，而当时自己完全忽略了这些。只有真正失去了，才会悟出它的珍贵。

就像作家史铁生在《病隙碎笔》里写道："发烧了，才知道不发烧的日子多么清爽。咳嗽了，才体会不咳嗽的嗓子多么安详。刚坐上轮椅时，我老想，不能直立行走岂非把人的特点搞丢了？便觉天昏地暗。等到又生出褥疮，一连数日只能歪七扭八地躺着，才看见端坐的日子其实多么晴朗。后来又患尿毒症，经常昏昏然不能思想，就更加怀恋起往日时光。终于醒悟：其实每时每刻我们都是幸运的，因为任何灾难的前面都可能再加一个'更'字。"

在大多数人眼中，和爱的人踏踏实实、安安稳稳地拥卧在沙发里，似乎是太平常的一件事儿，可是仔细想一想，这份甜蜜并不是那么的理所当然，它是需要有巨大的运气的。

因为仅仅是相遇，就已经是特别的缘分了，据说一个人与另一个人相遇的概率大概是 180 亿分之一，两人能相遇本身就是种奇迹了，更别说还恰好互相喜欢互相爱慕。

我有个朋友和我说，她总喜欢偷偷看她老公睡觉的样子，就像《老友记》里的莫妮卡——某天她经过客厅，盯着沙发上熟睡的钱德勒看了好半天，觉得他睡得像个婴儿，那一刻，莫妮卡脸上写满了幸福的笑容。我的那个朋友也是如此，会充满爱意地盯着自己熟睡的老公，听着他均匀的呼吸声，感受着有爱人陪伴在身边的心安。那一刻，怎么形容呢？她说就是感觉一切都很遥远，她的内心格外平静，觉得别人拥有得再多都与自己无关。最好外面还下着雨，这样她会感觉在她的小家里，是最安全惬意的，是任何风雨都到不了的地方。

能感受到这份美好的人，在我眼里，也是有生活智慧的人。因为他能抓住自己生活中的幸福感，不盲目陷入比较的焦虑之中。

现在各种社交媒体发达，每个人都能在很短的时间内，密集观察到别人生活的状态。我们每天都承受着信息轰炸，有的人上一秒还在为某个感人的视频痛哭流涕，下一秒就可能因为刷到搞笑的段子而捧腹；前一秒还在评论里和大家吐槽调休和加班，后一秒就看到朋友圈里曾经的同事裸辞出国旅游，配文"勇敢的人先享受世界"。在手机里看着别人的喜怒哀乐，感受到的世界也带着滤镜，不够真实。

我的一个朋友，现在很怕打开某软件，因为看到别人去世界各地旅行，买名牌包像买白菜一样，看到许多人在经济下行的状况下依然挥金如土，会让忙于守住月薪几千元的工作的她心态失衡。

这样的焦虑感是难免的，因为人们总会对标身边的人，去努力找到一种平衡，试图在人群中"有尊严地活着"。互联网拓宽了对标的范围，难免有人会产生不必要的自卑和焦虑。不断有人告诉你，应该怎么做，不要怎么做，怎样做才是对的，这些都是一种无形的PUA（精神控制），毕竟有些人"听了那么多道理，还是过不好这一生"。所以就需要有足够的定力和智慧，去尝试，去体验，去提醒自己学会珍惜当下，珍惜自己拥有的幸福。

命运诡谲多变，也许我们习以为常的会成为日后求之不得的。

杨绛女士说：上苍不会让所有幸福集中到某个人身上，得到了爱情未必拥有金钱，拥有金钱未必得到快乐，得到快乐未必拥有健康，拥有健康未必一切都会如愿以偿。知足常乐的心态才是淬炼心智、净化心灵的最佳途径。一切快乐的享受都源于精神,这种快乐把忍受变成享受,是精神对物质的胜利。这便是人生哲学。一个人应该去不断追求更好的生活,但实在没有必要陷入无谓的比较之中,给平静的日子增添没必要的苦恼,学会欣赏和享受当下的人生,不是安于平凡,而是一种生活的智慧。

生活是笑话，别哭着听它

生活的主动权是掌握在你自己手中的，永远不要放弃那些让自己开心的时刻。

文 / 保安007

有一年春节期间闲着无聊刷微博，照例去作家蔡澜的微博里浏览一年一度的新年问答，因为提问和回复都是妙语连珠，有趣中又能看到其他人对生活的独到见解。其中有个网友的留言给我留下非常深的印象。她说在经历了一些事儿以后，得出一条经验："笑是正经事儿，记住笑就行了。"

我不由得想起了那个金句："爱笑的女孩运气不会太差。"

我知道好多人一定会反驳，运气不好的女孩也笑不出来，但其实并不是这样的。爱笑的人，他们总能看到生活美好的一面，即使生活赠予他们的是一颗最酸涩的柠檬，他们也能将它做成一杯甜美的柠檬汁。

情绪稳定乐观的人看起来总是神采奕奕的。无关乎是否拥有姣好的外貌、傲人的身材，乐观爱笑的人，即使容貌并不出众，脸上也是有光华的。

前段时间出差碰到了一位老同学，上学时她就是那种性格开朗、爱说爱笑的女生，是个人未到笑声先到的爽朗人儿。我感叹，这么多年了，岁月似乎并没有在她身上留下痕迹，她大笑着摆摆手："怎么可能？"

我们聊了聊这些年的际遇。我原本以为她是因为一切顺遂，才会显得年轻、自信。细聊后才知道，原来"家家有本难念的经"，没有谁是一直处在轻松模式的。毕业后就业困难，于是她选择创业，结果被合伙人卷走了辛辛苦苦打拼下的资本。走投无路之时，忽然得到一笔融资，她这才得以东山再起。听了她脱口秀一样的带着自嘲的讲述，我一边赞叹她强大的心理素质，一边也羡慕她在困境中总能有贵人相助。可转念一想，难道不正是她一直以来的乐观和坚强支撑着她，她才能走过那段最黑暗的时刻吗？我想贵人看上的，可能正是她身上那在逆境中也依然能够笑出声的品质吧。

遇到那样开朗明亮的人，你会不由自主地愿意信任她，愿意帮她，这也是所谓眼缘吧。爱笑不仅有益于自己的身心健康，还能为自己结下许多善缘，得到贵人相助。

文学大师雨果曾说过："生活，就是面对现实微笑，就是越过障碍注视将来。"笑并不能实际地去解决问题，但当我们抱着这种乐观的态度去面对生活中的压力和挫折时，笑能让我们获得更多的勇气和信心。毕竟在你一腔热血往前冲的时候，上帝也许会出其不意地绊你一脚。乐观的人会选择躺下来看星星，然后爬起来拍拍土，哼着歌继续朝前走。

就像那些天性乐观的人，不仅事业顺利，家庭关系也和睦，而且人缘还好，几乎是样样都好。

我想这就是能量间的一种吸引法则吧。

如果一个人总是愁眉苦脸、怨天尤人的，那他的表情和心理状态一定会影响到他所做之事的结果，也会影响他身边人的情绪。曾经，我有个老板每次开会时都要和我们强调："情绪是会传染的！"当时我不以为然，经历得越多越发现真是如此。

一个经常抱怨的人，他的生活仿佛受到诅咒一样，事事不顺，人际关系也紧张，导致人更加沮丧，抱怨更多，人生就像陷入恶性循环一样越来越糟糕。

那怎么才能避免这种恶性循环呢？

以前看过一篇心灵鸡汤，大概是说想改变人生先从改变表情开始。乍一听有点夸张，但仔细琢磨，是有道理的。归根结底，当你陷在悲观主义的陷阱中时，就会不断被坏情绪所消耗。

去年，我身体一直不好，整天愁眉苦脸、生无可恋。男朋友总劝我开心一点，陷在苦恼中的我自然听不进去，还会忍不住呛他。郁闷的时间一长，身体变得更差，每天失眠，上班也无精打采，对什么都提不起兴致。

后来一个朋友找我玩，一见到我她就感叹："你怎么跟老了十岁似的！"我跟她抱怨最近的生活，她默默听完，跟我说："在刚才的对话中，你一直眉头紧锁，我没有听到这段时间你经历过的任何一件开心的事情。你必须给自己找点乐子，哪怕假装开心，哪怕特意去看喜剧，也得让自己笑一笑。"

后来我和好朋友一起去听相声、看喜剧电影，和他们一起吐槽，聊了之后才发现其实大家面临的困境和挫折都差不多。我会特意多去跟人接触，跟"容易快乐"的人接触：在公园陪小朋友玩儿丢沙包，陪心情超好的大爷下下棋，总之刻意去让自己开心一点，多笑一些。

一段时间后，我发现身体逐渐变好了，折磨我好久的失眠问题也终于消失了。

原来情绪有着比想象中更神奇的力量。《黄帝内经》中说："喜则气和志达，荣卫通利。"所以人一定要有让自己开心、多笑的能力，这也是为数不多可以自己主动选择的、能获得幸福的能力。只盯着让你焦虑的那一面没有用，与其每天愁得睡不着觉，还不如笑着去面对，哪怕是为了"岌岌可危"的发际线着想呢？

想起之前微博上很火的那句话——"人间不值得"，它似乎暗戳戳道破了"丧文化"的真相。但大家都忽略了另外半句——"开心点吧，朋友们"。"开心点吧"，才是生活的真谛。

遇到不开心的事儿，自嘲一番，笑一笑就过去了，毕竟人生没有几件事儿是经得起自嘲的。

特别是渴望发财的人，愁眉苦脸可是会耽误发财的哟。

我们很难去改变心外的天地，但是让自己快乐起来却比较简单。所以呢，不管是为了保持青春，为了发财，还是为了人生扳回一局，都别忘记大笑的能力。生活的主动权是掌握在你自己手中的，永远不要放弃那些让自己开心的时刻。就像大张伟在歌里唱的那样："生活是笑话，别哭着听它，别在意梗垮，不乐是你傻。"

比起情绪稳定，我更想要情绪自由

珍惜你愤怒、悲伤的权利，也珍惜你开心、敏感的权利。

文 / 排版 002

气温逐渐转暖，天气变得燥热，季节慢慢迈入夏季，我们的情绪也像是一键进入了高温期，如何与情绪和平相处变成了一件需要修炼的事情。

很多人都会认为，内核稳定首先要情绪稳定，而情绪稳定，是处事不惊，不被情绪所左右。这就会导致我们容易对情绪稳定有所误解，以为情绪稳定就是没有情绪，永远能控制住情绪。

作为一直被朋友评价为情绪稳定的人，我想我有资格聊聊看起来泰山崩于前而色不变、不会生气的背后——不被允许拥有情绪的童年。

小时候不喜欢去亲戚家，不管是亲戚问我学习成绩还是让我表演节目，都让我很不舒服。比起去亲戚家听大人聊八卦、看他们打麻将，我更喜欢在家看小人书。每次知道又要去亲戚家时我就噘起嘴，满脸不高兴，这时妈妈就会批评我："你怎么那么不懂事儿！你看谁家小孩跟家长出门不是蹦蹦跳跳的，就你拉着脸，爸妈欠你的啊？""懂事儿"成了我童年听得最多的词，在我还没有什么认知的童年，"懂事儿"被我解读为不能够随便发脾气，不能哭闹，它像是一个梦魇，伴随着我日后20多年的人生，牢牢地刻印在记忆里。即使成年后，依然会被它所支配。

有一次去亲戚家，临上车前爸妈才跟我说当晚要在亲戚家过夜。想到要跟不熟的表姐睡同一张床，这对10岁的我来说简直是噩梦，我扒着车门嗷嗷大哭，怎么也不同意去。妈妈没了面子，冷着脸批评我："哭有什么用，在大街上哭只会丢脸。就你不懂事儿。"

还有一次，我收到了转学后好久没联系的同学的来信。我反反复复阅读，生怕看漏一个字，一会儿因为被朋友惦记而开心大笑，一会儿因为她信里所说的遭遇难过流泪。妈妈看到我又哭又笑，问我又在搞什么鬼。我举着信高兴地说，这是我好朋友的来信！她没有忘记我！妈妈说的那句话我至今没有忘记："你这个年纪，懂什么是好朋友？你能不能正常点？"

那年我12岁，被妈妈说"你能不能正常点"。像是情绪的闸口突然被封闭，那一瞬间，我失去了跟她分享的欲望。我把信默默折好放进口袋，擦干眼泪，一路上再也没有说过一句话。

久而久之，我拥有了情绪羞耻，这让我觉得自己不重要，我的感受不重要。在心理学教授霍金斯能量层级理论中，它是能量最低的情绪，让人无法接纳自己和驾驭关系，甚至无法享受快乐。

"为什么别人都不这样？""为什么我总控制不住情绪？""你怎么还跟个小孩似的？"……每当我情绪波动时，总会被这些闪念击中。这也是为什么我一度很喜欢加缪的《局外人》，我感觉我就像是自己人生的旁观者，在人群中保持冷漠、无所谓，这会让我相对舒服一点。不以物喜，不以己悲，避免情绪波动，这样就能抵挡来自外界的伤害了吧！

我的潜意识里认为有情绪是弱者的表现，如果不能控制情绪就是自己不够强大。总之，就是把所有事情都归因为自己，变得过度自省。

村上春树有句很有名的话："你要做一个不动声色的大人了。

不准情绪化，不准偷偷想念，不准回头看。去过自己另外的生活。你要听话，不是所有的鱼都会生活在同一片海里。"我努力装作一个情绪稳定的大人，保持缄默自省，把所有的情绪都自我消化，生活似乎没那么开心，也没那么难过了，只是像一潭死水般，很无聊。

再者，因为被贴上了"情绪稳定"的标签，我就需要维护人设，处处表现出情绪稳定的一面，告诉自己遇到什么事儿都不能发脾气，要对事不对人。有时候实在想跟朋友倾诉一下，在输入框打完字又默默删掉了，很怕会把负能量传染给别人。

还好我遇到了小李，她是我毕业以后认识的最好的朋友，她让我学会不隐藏自己的情绪，不要有"情绪羞耻"，你可以不去做一个情绪稳定的大人。

她在工作中遇到了委屈，会在领导面前崩溃大哭，跟老板说明前因后果，哭完就跟没事儿人一样继续工作。而我只会憋在心里，自我内耗，最后身心俱疲。同事把不属于她的工作推给她，她会愤怒地跟同事吵架；而我只会忍气吞声。接收到甲方不合理的修改意见，她会据理力争，维护自己的劳动成果；而我只会改到客户满意为止，如果客户不满意就会怀疑是不是自己能力不行。

我就像一个被剥夺了"自我"权利的小孩，被"懂事儿"困住。它像是一记回旋镖，小时候的记忆隔着漫长岁月，在我长大成人后，再次正中眉心。

她说羡慕我情绪稳定，我反而羡慕她的"情绪化"，我深知这是一个在健康的、有爱的家庭氛围中长大的小孩会有的样子。

她小时候喜欢周杰伦，爸爸就攒钱偷偷给她买了周杰伦的演唱会门票，让她自己去看，并在外面等她。看完演唱会，爸爸会问她："今晚开不开心？"小时候似乎从没有人问过我：开不开心？谈恋爱分手了，爸妈会让她痛哭一场，带她去旅游、吃大餐，并对她说："有福之女不进无福之门，是他配不上你。"她很快就能从分手的低落情绪中恢复过来。

比起一味地压抑情绪，像她一样勇于表达自己的喜怒哀乐才是我向往的。有一个概念叫"情绪颗粒度"，它是一种辨识情绪的能力，情绪颗粒度越高的人，越能准确识别自己的情绪，对自我的认知就越清晰。

我们认为"情绪化"的人，其实是情绪丰富，他们能更有效地进行情绪管理。他们很清楚自己的边界在哪里，能分辨细微的感受，也懂得及时地维护自己的感受。

有一次我和小李在香港旅行，我和男朋友在微信里吵架了，闷闷不乐。她问我是不是在生男朋友的气，我说你怎么看出来的，她说看见我把手机丢一旁了，跟她吵架时一模一样。见我还是情绪低落，她便劝我，不高兴的话可以喊出来的，一直憋着会憋坏。正好我们前面是维多利亚港湾，我对着海港发泄一通，狠狠地骂男朋友，骂完之后，心里立马舒服了。

那也是我第一次真实地体会到，原来负面情绪只是短暂地出现，只要处理得当，它会很快离开。情绪来来去去，内核够稳，就不会被情绪带着走。**所谓心病还要心药医，情绪带来的问题就要用情绪去解决。**

从那以后，我就积极地改变自己，看了很多关于个人成长、心理学方面的书。我知道了当我们抑制情绪时，就是抑制了自己生命中最真实的部分。我知道了压制情绪是对自己的一种"暴政"。我知道了情绪稳定需要积极情绪和消极情绪的平衡。我知道了要对自己诚实，让情绪流过自己，观察它，理解它。

我写情绪日记，重新识别每种负面情绪，接受自己会因为种种小事儿产生情绪变化，练习如何与它们相处。长期生活在快节奏的高压环境下,"稳定发疯"的年轻人早就学着给自己的情绪松绑,该生气就生气,该哭就哭,"高兴就又跑又跳,悲伤就又哭又喊",这是情绪的合理释放。

还是古话说得对啊,阴中有阳,阳藏在阴中,好藏在坏中。每当产生负面情绪时,就把它当作一个审视自己的机会,找到隐藏的自己。就拿愤怒来说吧,之前我不是很理解,为什么朋友会因为买衣服时被服务员冷漠对待而愤怒,还要打电话去总部投诉维权,一直到服务员给她道歉为止。当时的我心想:"这种事儿不是很常见吗?有必要发这么大的脾气吗?"现在我明白了,愤怒是在保护自己的边界,是直面内心的冲突。

不要把情绪冷冻起来,有情绪才是正常的。情绪不是软肋,可以大大方方展示出来。珍惜你愤怒、悲伤的权利,也珍惜你开心、敏感的权利。只要不被它们牵着走,你就获得了真正的自由。

会表达的人才能掌握生活的主动权。希望我们都能勇敢地表达自己的种种情绪。比起情绪稳定,情绪自由才能让我们拥有更强大的内核。

大家好，我叫"不紧张"

现在我会在紧张的时候，试着深呼吸，在心里告诉自己：放轻松，你没那么多观众。

文 / 少女心 001

我是一个天生容易紧张的人。

我最大的愿望就是有一天可以完全放松，有人说容易快乐是上天的礼物，我觉得不紧张也是上天的礼物。我很羡慕那些天生神经大条的人，他们似乎拥有着全世界最强大的心脏，在任何情况下都能让自己享受。

我似乎从小就是墨菲定律的忠实践行者。上课时老师点名提问，我在听到问题的第一时间就会不由得心跳加速，把头埋到课本下，在内心祈求老师千万不要点到我，即使我知道答案。然后在忐忑不安的等待中，被老师如雷达一般的眼睛精准捕捉。

上学的时候，我最讨厌接力读课文。还没轮到我的时候，我就开始数好哪几句该我读，先小声练习一遍，等轮到我的时候，我仍然会紧张到磕磕巴巴，边读边咽口水。明明是一件再小不过的事情，我都会如临大敌，这也给我的学习生涯增加了很多不必要的压力。

从小到大，但凡第二天有一些特殊的事情，小到春游，大到考试，我前一晚必定失眠。前几天，男朋友让我开车载他去奥森公园。因为我八九个月没开过车了，想到要开车半小时，我居然也失眠了。越想越觉得羞愧，就越睡不着。

之前看神舟五号的相关纪录片，杨利伟作为中国首位踏入太空的人，直到在神舟五号发射前 10 小时才最终确定执行飞行任务。而他在接到任务后，也只是淡定地回答了一句"知道了"，回去安安稳稳睡了个好觉，第二天甚至是被工作人员叫起来的。当时看到这里的时候，我对他强大的心理素质羡慕不已。

在社交生活中，我也很爱紧张。进入一间坐好宾客的包间我会紧张，当众发言会紧张，面试会紧张，和客户谈事情会紧张，甚至跟同学玩桌游都会紧张!

  记得有一次初中同学聚会,一个同学拿来一套桌游纸牌,她快速给大家讲解了一下游戏规则。在其他人都秒懂,并摩拳擦掌、跃跃欲试的时候,我依旧一头雾水,但看到大家都理解了,我瞬间就紧张起来,可能是自尊心作祟,也可能是怕拖后腿,我只能硬着头皮上。这时候班上一个男生迟到刚坐下来,同学见状便又给他单独讲了一遍玩法,那男生却摆摆手满不在乎地说:"嗨,反正我没太听懂,先玩一遍再说吧。"同样是游戏小白的我当时就震惊了,哦,原来还可以这样!大家其实并不在乎你是否能赢得游戏。在我偷偷搜索玩法的时候,他已经迅速掌握了游戏规则,并和大家打成一片。

  对,这就是我和放松人士的差距!

  我一直很羡慕那些具有"松弛感"的人,他们面对生活的态度不骄不躁,自在从容,是一种从心底迸发的"从心所欲不逾矩"的人生态度。

  比如排版002,我和她一起去旅行时发现,她无论坐上哪种交通工具,都会在五分钟之内睡着,丝毫不会担心周遭。我们一起去日本的时候,我一上出租车就开始拿着导航看路径,生怕语言不通或者司机开错路。我会反复给司机看图确认,排版002看我如坐针毡的样子会不解地问我:"哎呀,你干吗那么紧张啊?开错了就再绕回来呗。都出来玩了,放轻松。"

可我还是在将信将疑中紧盯着司机和导航,根本无心看沿途的风景。

还有一次我和排版002在中国香港坐大巴,本来想从海港城去圆方,坐上大巴以后,我俩都在看手机。我想,她导航得肯定没问题,这次我就不紧张啦,于是放心地开始刷微博。等过了好久,久到我以为已经到站,甚至还经过了海底隧道,我才惊觉坐过站了。我突然惊恐地站了起来,全车的大爷大妈都好奇地对我们行"注目礼"。

原来排版002以为我在看导航,我以为她在关注报站,结果两人谁都没看,错过圆方那一站直接奔向了天水围,几乎快开到深圳了……

当时我又恢复到那种紧张得要命的状态。天色渐晚了,人生地不熟的,我俩又不会粤语,车上的大爷大妈一直在用粤语指路,我完全蒙了,欲哭无泪。这时排版002在一旁拍拍我的肩膀安慰道,别紧张,放轻松,有路就总会回去的,下车先买个冰激凌吃。

那一瞬间,我似乎真的有被安抚到。下车后,我们真的就一人举着一个冰激凌,边导航边问路,最后顺利地回去了。

和松弛的人在一起,你也会被她的情绪和状态所影响,整个人也会不由自主地放松下来。慢慢地我发觉,似乎存在一种奇怪的定律,就是你越在意什么,越害怕什么,什么就越会找上你,就像墨菲定律,它会欺软怕硬,在人群中精准锁定那个惴惴不安的你。

我印象最深的一次是我和排版002、保安007一起坐飞机。因为是下午的航班,整个航班的人几乎都在午睡。紧张如我,当然是不可能入睡的。我也没看电影,就随便翻翻杂志。这时候我突然听到机翼附近有奇怪的声响。一会儿后,我看到有个空姐走过来通过窗口查看,然后她迅速打机舱里的电话给同事汇报。整个过程,机舱内只有我一个人目睹了这一情景。空姐打完电话就急匆匆地走了,留下我在那里。我一脸惊恐,环顾四周,大家都在睡觉。那一刻,一种奇异的感觉爬上心头,仿佛整个航班,只有我一个人是清醒的。我整个人都是僵硬的,犹豫要不要叫醒身边熟睡如婴儿的排版002，后来还是作罢，怕叫醒她白白让她也担心。

我就在紧张的状态下，犹如惊弓之鸟般，时刻竖起耳朵听着那微弱的异响。过了很久，也可能只有一会儿，异响消失了，排版002和保安007陆续醒来，看着当时惊魂未定的我，一脸疑问。

看着他俩睡眼惺忪的样子，我哭笑不得："你们知道刚才我经历了什么吗？"

在听完我的叙述后，他们一脸释然："这不没事儿吗？放轻松啦。"

世界上的事儿就是这样：你越紧张什么，什么就越会让你不得安宁；你越担心什么，那担心的事儿反而就越容易发生。

容易紧张不仅仅会影响情绪，长久下去，身体也会受影响。今年体检完，我总是紧张自己的身体状况，琢磨得越多，身体反而越差。以前我从来没有胃病，吃饭从不忌口；今年因为紧张的状态多了，居然胃胀了半年，不得不预约了胃镜检查。

看来疾病也会找软柿子捏，你越诚惶诚恐，越害怕紧张，它就越会欺负你。

容易紧张这回事儿，已经成了我现在需要克服的首要大事。它带给我的不仅仅是精神上的内耗，更是一种身体上的劳累。现在我会在紧张的时候，试着深呼吸，在心里告诉自己：放轻松，你没那么多观众。

我没有迷路，我是在自由探索地图

原来，没有"正确使用说明书"是那么快乐，人生真的是旷野！

文 / 排版 002

2016 年至 2021 年这 6 年的时间，我一直处于自由职业的状态。

在决定辞职前我考虑了很久。当时我所在的广告公司算是行业天花板级别，所服务的客户更是广告人都梦寐以求的，还有绝对的创作自由。但当时年轻，心比天高，总想着干一些大事儿，看看自己还能不能去到更高的地方。

当自由职业者也算是赶上了早期自媒体的红利。"大忘路"这个公众号运营得还不错，拿过几个自媒体领域的奖，也出了人生第一本书，一时春风得意。

现在很流行的"数字游民"，也有幸早早体验过。我们四处游玩，去日本、去韩国，当然更去全国的各个城市，披着"寻找灵感"的名号，边玩边写稿。日子倒也是过得很舒服，也从来不去思考更长远的事儿。

焦虑是从看到同行纷纷转型开始的。一夜之间，同行都踏上了去往短视频、电商、直播、知识付费、vlog（视频博客）的道路，而我们还停留在原地。

当时还算对自己充满信心，心想"我不要在大环境下随波逐流，被别人影响，我要静下心来提升自己"，具体表现在花了好几万块买课学技能上。

想起小时候想当漫画家的梦想，报名了网课，学习画画。从背photoshop（修图软件）的快捷键开始，学怎么用手绘板画画。画画是开心的，一条线条接着一条线条，最终连缀成一幅好看的画面，那种从无到有的喜悦无法形容。但学了一年多，我还是只会临摹，当我新建一块画布打算尝试原创时，脑袋空空，无从下笔。我当然知道还需要很长时间，学画画不可能速成，但还是难免产生挫败感。

刚好看到权威的媒体在教写小说，我二话不说报名。当时想着老师那么有知名度，怎么着也能从他们身上学到什么，我开始期待，不指望写作能力媲美马尔克斯，最起码不会再出现"写不出稿子"的痛苦了吧。上课的过程也挺开心的，毕竟能接触到喜欢且欣赏的老师，但课程结束后，我还是写不出小说。

很快我又对练字产生兴趣，买了喜欢的各种款式的钢笔、毛笔，真是差生文具多。为了能让自己坚持下去，还大张旗鼓建了一个练字群。和一群人一起努力，应该能走得更远一些吧。也是没想到，光是练字我都能那么贪心，一会儿想练小楷，一会儿想练草书，一会儿想练瘦金体，很难做到专注，一个简单的偏旁部首要练一个月，这让我感到厌烦，很快我又失去了耐心。

算了，我还是去学英语吧，英语不会欺骗中年人，背10个单词就会有10个单词的收获。为了展示自己的决心，我还斥巨资买了全套《哈利·波特》的英文原著，自以为掌握了学习英语的精髓，只要我把这套书看完，英语水平肯定提升好几个等级。但当我回过神来，《哈利·波特》已经压箱底，我的阅读进度永远停留在了分院仪式上。

兴趣爱好被我培养成了狗熊掰棒子，种种努力看不到结果，工作也陷入了瓶颈期，这时的我已经被同行、朋友远远甩在后面了。好像每个人都有清晰的目标，朝着目标稳步向前，而我眼前只有重重迷雾，自己被失败感包围。

我不禁怀疑自己是不是浪费了两年的时间，不断地苛责自己。为什么我已经那么努力寻找出口了，还是那么迷茫呢？我们从小受到的教育是凡事要坚持到底，三天打鱼两天晒网是不对的。这更让我焦虑，于是我深陷在种种犹豫和懈怠中。

《山月记》里有一段描写，精准地指出我痛苦的根源：我生怕自己本非美玉，故而不敢加以刻苦琢磨，却又半信自己是块美玉，故又不肯庸庸碌碌，与瓦砾为伍。

我在每一个兴趣之初都怀着极大的热情，可当真正自己上手体验了几次之后，这种热情就迅速转化为重复性练习必然会带来的枯燥和无聊。我也很想改变，但或许这就是人性的缺点，又或许像一些人所说：你所不能坚持下去的往往不是你真正热爱的。于是我又开始了纠结：我是不是该收起想拥有新爱好、新技能的心，把心思全放在工作上呢？

后来我去看心理咨询师，他却对我的行为予以了肯定和鼓励，说这是在积极地尝试，寻找自己的热爱和可能性在哪里。

接下来他用玩游戏的心态，让我更加明白：我没有迷路，我只是在自由探索地图。

他问我平时玩不玩游戏，我说以前玩《王者荣耀》比较多，但太在意输赢了，也很在意段位的高低，搞得自己很累，现在比较少玩。

他笑了笑，又问我有没有玩过《塞尔达》。

我说玩过一两次，但总是跑来跑去，不知道要干吗，又找不到任何指引，一时气急败坏，就没再玩了。

他建议我重新玩一周《塞尔达》再来和他说说感受："跟着好奇心的指引就好了。"

很奇怪，游戏开头林克从复苏神庙奔跑进海拉鲁大陆，我的眼泪也跑了出来。

游戏里传来的鸟叫声让我异常平静，爬树摘苹果、爬峭壁采蘑菇让我像孩子般兴奋。站上山顶可以只为了看日出，哪怕为了追一只鸟不小心掉下悬崖也没关系。

战斗不是必须项，如果不想打架我可以绕开所有怪兽，只做我想做的事情，爬山骑马、看流星、找食材做饭，压根不用管我的主线任务是什么！我不是非要去拯救公主！

我不用看任何攻略，更不用看任何教学视频学技能操作，不用想着尽早玩通关获得成就感。只用期待下一座山会有什么冒险在等着我。

一周后我兴奋地跟心理咨询师说:"我明白了!我喜欢的是自由探索的感觉,是去到一个又一个新地方产生的惊喜感,而不是要去往明确的目的地。"原来,没有"正确使用说明书"是那么快乐,人生真的是旷野!

他说,不管是学画画、练字还是学英语,都相当于是我的支线任务,都是我在跟着好奇心的指引去探索自己,只是内核还不够稳定,容易被社会价值体系干扰,容易因为不满意结果,忘记了自己很享受过程。

有时候,我们太执着于最后那个结果了,以至于忘记我们为什么要去做一件事情。我也差点得了那种"因果之病"。不是任何事情都需要一个原因和结果,只想一路踩油门冲刺的人,即使到了终点,在日后回忆起来时,或许也会因为忽略了沿途的风景而遗憾吧。

在《塞尔达》里,我们玩支线任务只是为了快乐。这样的心态也可以用到现实生活中,这会有助于自己的内心变得笃定,在和世界的碰撞中找到自我,内核也变得更稳定。

我现在不再有"是不是白努力了"的念头了,因为我知道,

我所经历的都在使我完整，我走的每一步将我送到了现在的位置。专注自己的内在生长，相信自己的节奏，就不会因为一时偏离主线任务而慌张。

就当是漫步地球，大胆去做你真正喜欢的、热爱的事情，这世界本就疯狂。接受自己，接受自己在某些事情上的"不坚持"，接受自己偶尔违背自己的"诺言"，接受自己可以"犯错"，才能放松地享受人生，一旦你松弛下来，就会有所成就。

小狗治好了我的精神内耗

世界破破烂烂，小狗缝缝补补。

文 / 排版 002

养狗是条不归路。一旦养了小狗，就很难想象没有小狗的日子。

养拉宝 6 年了，不确定它有没有成为更好的小狗，但它让我学会了更好地生活。

小狗教我"绝不内耗自己"

过去我是一个很爱自省的人，这个习惯在工作中真是要命。比如说比稿，如果我提案的项目最后比稿没有赢，我就会不断反思和复盘，是不是我提案时没有表现好，是不是我的视频文案没有写好，是不是我的创意不行。总之，很容易陷入自责情绪的负面循环中。但事实上，比稿能不能成功，是多方面因素决定的，而且一个项目是大家共同参与的，我总是往自己身上揽责任，实属"高估了自己的作用"。

而且一旦这样反省，就会害怕犯错误，越发谨慎，越发怕自己把项目搞砸，越发焦虑。

小狗就绝对不会像我那样。管你多贵的鞋子，只要没有及时收起来，它就不客气，给你咬个稀巴烂。等我发现时准备教育它一番，它甚至摇着尾巴理直气壮："是我的错吗？明明是你没有把东西放好呀。"

我仔细一想，确实是我大意了，就把凶它的话咽回去了。

我找到了让自己工作时较为轻松的方式——小狗是可以把事情搞砸的，小狗是可以理直气壮犯错的。

拥有这样的心态后，上班不再是内耗自己，在想创意的时候也会丢掉包袱，更敢想敢做。

允许自己犯错，允许意外发生，允许事情并不按照自己的期待发展，绝不内耗自己，是小狗教给我的第一课。

小狗教我"不要害怕离别"

有一次带拉宝去海边玩。

一位陌生的奶奶从远处叫住我们:"我可以抱一抱它吗?"

我点头后,她飞奔着跑向拉宝,一把抱住它:"跟我的多多好像,真的好像。"

后来和奶奶越来越熟悉,聊天中得知,奶奶的狗去年因为心脏病去世了。在那之后,她就患得患失,出去玩都会习惯性地查能不能带宠物。

奶奶一直抱着拉宝,诉说往事。

"它13岁了,但还是跟小时候一样喜欢往我怀里钻。

"精得很,喜欢小姐姐,身上香。

"很懂事儿,有一次家里烧开水时我睡着了,它很着急地把我叫醒了,我一看,水都烧干了。

"我胃不太好,医生让我饭后多散步。有时候懒得动,它就会一直把我往门口拉,一天不散步都不行,好严格的。"

奶奶陷在对多多的回忆里,声音逐渐哽咽。

离开的时候,奶奶摸着拉宝的头,温柔地说:

"奶奶谢谢你的拥抱。太温暖了。"

后来，我把这段经历发到网上，引起了大量关注。有人说"这就是为什么不敢养狗，害怕离别"。

但我反而因为这次经历，不再害怕离别了；因为我知道，离别是生命的必然，我们必须坦然接受。但我始终相信，一定会有其他和它很像的小狗，想方设法地来到我面前，让我抱一抱。

小狗不在世上了，但每个小狗都是它。

小狗教我"要多交朋友"

过去的我很封闭，不愿意与外界有过多交流，社会属性退化得越来越明显，又"社恐"又没什么朋友。拉宝大大拓展了我的社交面。

有一天在社交网站浏览时，我发现我很喜欢的一位新加坡画师画了拉宝。那一瞬间有种微妙的感觉，养了小狗后，我好像与这个世界产生了更多连接。有很多看似不会与我产生交集的人，都与我产生了关系。

和小区楼下的超市老板，一开始只是买卖关系。前几次因为拉宝口渴去买水，后来老板就为它准备了一个水盆，大老远就会招呼它去喝。萍水相逢的关系，因为小狗而变得亲切。

之前去别的城市待了一年，认识了一位养3只柴犬的姐姐，她说拉宝是她遇到的唯一不会和她家小狗打架的。于是我们的交往迅速升温，托拉宝的福，连着一个月都去她家里喝她泡的咖啡，听她讲自己如何在40岁退休的故事。

邻居要去找物业吵架，因为怕吵不过，找我借了小狗，想在气势上压倒对方。结果对方是个喜欢狗狗的人，两人架没吵成，倒是和和美美地把矛盾解决了。

更神奇的是，小狗还在机缘巧合下找到了它同父异母的弟弟，原本陌生的两家人，一夜之间有了情感羁绊，我们会相约着给小狗过生日、过周末。

更离谱的是，有朋友在认识新异性时总是找我借拉宝，带着一起约会。他都分手好几次了，我反而和他的前前前任女友处成了好姐妹。

之前看过一本书叫《精力管理》，里面有提到一个观点：保持精力的其中一个维度是要保持健康的情感账户，也就是说要得到情感的滋养，而友谊就是重要的情感来源之一。

如果没有小狗，我的情感账户应该要亏空了。

小狗教我"认真对待自己的生活"

有时候在想，为什么小狗对它一成不变的生活从不感到厌烦呢？为什么一到出门时间它还是数年如一日地充满热情呢？

今天带拉宝出门，它一如既往地标记了很多地方。

于我而言，"带它出门"是每天在做同一件事儿，于它而言，它可以和不同季节不同品种的花花草草接触，认识小区的流浪猫，晒晒不同温度的太阳，和不同武力值的小狗较量。

在小狗的影响下，我也决心认真过好每一天的生活，把每天都过得开心。

世界破破烂烂，小狗缝缝补补。我真的好庆幸自己当初决定养狗，这才会遇见那么好的小狗。不仅教会我爱，还教会我那么多做人的小技巧，真是了不起的小狗呀！

命运的齿轮开始转动

只有每一刻都不曾浪费,一步一步走到命运之神面前,才能在机遇来临之时,稳稳接住。

文 / 少女心 001

最近互联网上流行一个梗:**命运的齿轮开始转动**。

出处难以考究,但大致是用来描述一些命运转折的时刻。比如,某年某月,当事人丝毫没有意识到,当时的他已经站在人生的十字路口了,不久后,他的人生将彻底发生改变。这种命运的戏剧性,不禁让我想到了发生在大张伟身上的故事。

朋友都知道我喜欢大张伟,因为同是北京南城孩子,我对大张伟的滤镜又厚了一层,有一种天然的亲切感。

为了追星,我恶补了大张伟的许多采访视频,了解到大张伟入行的奇妙经历。在我看来,这个故事就是命运齿轮疯狂转动的代表,人间清醒的大张伟,几乎在每一次机遇之神伸出手的时候,都准确地把握住了。

在初中的时候，机缘巧合下，大张伟接触到了摇滚乐，并疯狂地爱上了这种自由奔放的音乐形式，经常和几个要好的朋友在家里组乐队排练。那时候，他大概14岁，家住在崇文区的大杂院里。当时赶上胡同拆迁，邻居陆陆续续搬走，院子里的平房被分批拆掉，正好让本来在大杂院中间的大张伟家露出来，成了临街房。

大张伟家斜对面是一家卖豆汁儿的北京老字号，很多人都慕名前来买豆汁儿，这些人里就有一支著名摇滚乐队的贝斯手大乐。

据大张伟回忆说，某天他像往常一样，和同学在家里排练时，突然看到一个人过来敲窗户，那个人就是贝斯手大乐。原来那天他又来买豆汁儿，突然听见激烈的演奏声，声音穿透力很强，充满着生命力。大乐循声找到临街的平房，想一探究竟，却发现原来是几个中学生在排练。

大乐在和大张伟聊天的过程中，发现这个小伙子年纪不大但很有想法，难得很聊得来。本着伯乐的精神，就邀请他们去当时著名的小型演出场地演出。那次演出，据说很多摇滚圈的明星都去看了，帮他们调试电线的都是摇滚圈的大佬。大张伟的乐队虽然名不见经传，当晚的表现却让所有人眼前一亮。演出结束不久，他们就顺理成章地签约了唱片公司。

回看大张伟入行的过程，和大乐的相遇是命运之神第一次光顾。一切看似充满了命定的偶然。

首先，他家原本在大杂院中间，胡同里有些院子特别深，如果房子依旧在院子中间，排练的声音很可能无法传到大街上去，别人自然听不到。

其次，与伯乐的相遇。一般南城的胡同和摇滚乐不沾边，大乐恰好因为买豆汁儿去了那边，恰好大张伟的乐队在那个时间演奏，又恰好被大乐听见然后去寻找，才有了后来一系列的结果。正是这些"偶然"与"恰好"，将当时的大张伟带进了大众的视野。

最后，大乐愿意做伯乐。萍水相逢而已，大乐居然真的邀请他们去行业内有名的地方演出。《周易》讲"见龙在田，利见大人"。乐队前辈的赏识和突然的邀请，对当时寂寂无闻的大张伟和他的乐队来说，是一次难得的机会。大乐的牵线，给了他们一个绝佳的舞台去展示自己。

有了展示的舞台，大张伟和他的朋友抓住了机会，才成就了后来的花儿乐队。每每想起这个故事,我都觉得特别美好和奇妙,是适合拍成电影的桥段,**充满了命运的随机和缜密,又惊喜又浪漫。**

命运的齿轮开始转动,懵懂的热爱音乐的少年抓住了机遇,一举成名。这是戏剧化的机缘巧合,但除去不可捉摸的幸运,机遇到来之前的努力也必不可少。

在贝斯手大乐举起命运之手敲窗之前,大张伟的父母为了培养他的音乐天赋,已经默默付出了许多年。夫妇俩下班以后,基本每天都去夜市出摊儿卖煎饼、卖馄饨来赚外快,有时回到家都凌晨三四点了,一早还要照常去上班。就靠这样白天黑夜连轴转地打拼,一点一点地积攒,在20世纪80年代末,大张伟的父母就给他买了上万元的音响来学习音乐。那个年代,人均工资四五十块,一斤白菜、一碗汤的价格仅仅几角或几分钱。作为大张伟的同龄人,我知道那个年代的收入水平,所以特别明白能做到这件事儿有多么厉害。

除了父母的付出,大张伟自己也争气,和他同样热爱音乐、热爱摇滚乐、组乐队的少年一定不计其数,但很多人只是浅尝辄止或者只当爱好。大张伟有自己的执着和坚持,付出了大量的时间去排练和钻研。14岁时，大张伟就写出了后来著名的《静止》，他在舞台上摇头晃脑地唱着"空虚敲打着意志，仿佛这时间已静止，我怀疑人们的生活，有所掩饰"。歌词有着与年龄不符的深刻与老练。那份洞察力和天赋，让人难忘。机会都是给有准备的人的，正因为他一直在好好准备，所以才会有难得的机会来敲门。

站在现在回望过去才发现，那些所谓决定性时刻来临前，那些走向命运转折的日子里，只有每一刻都不曾浪费，一步一步走到命运之神面前，才能在机遇来临之时，稳稳接住。

联想到自己的生活，有时我目睹身边的人命运的齿轮嗖嗖地狂转而改变生活和命运，难免有些羡慕甚至焦虑，怎么别人都能得到命运的眷顾，而我命运的齿轮却好像生锈了？

可能不少人都会这样想，总觉得自己不够幸运，总觉得如果同样的机会给到自己，自己也一定能改变命运。

特别是身边抓住风口而改变生活的人多了，就会忍不住怀疑人生。可是静下心来想想，自己确实也没有在什么地方好好努力过，所以即使老天要给我一个绝好的机会，可能都找不到合适的切入点吧!

我们总是喜欢强调某个决定性瞬间的重要,强调"命运的齿轮开始转动"的那个时刻。因为我们太需要这样的时刻,它带着一些命中注定的偶然性,让人们满怀期待,相信命运之神就在前面。但更多的时候,我们在走向这个时刻前,需要穿过黑暗、险阻以及经历寂寞而又漫长的等待。让我们永远记得被眷顾的那一刻,拥有无上荣光的自己,也别忘了感谢命运的齿轮转动前,一直在黑暗中默默前进的自己。

所以与其羡慕、嫉妒别人的好运气,不如先找到一件能让自己持续热爱,并且不计较得失,愿意坚持下去的事儿,秉承着"但行好事,莫问前程"的心态去踏踏实实做事儿,因为命运齿轮转动的时候,都是在你毫无准备、心无旁骛行动的时候。

只有你真心热爱某件事儿,真诚地去付出努力,且不计得失的时候,才会在不经意的时刻,等来那个足以改变命运的机遇,看着它疯狂敲打你的窗。

要知道,命运的齿轮,其实一直都在你自己的手里。

Chapter 2
身体是自己的，
别再因别人的看法而焦虑

亲爱的，你生而美好，
接纳自己远比完美重要。
别人的赞美和讥笑，
都不是你评判自己的标准。

当代女生最好的"医美"是什么

我们不应被"单一的标准"所限制，美好的事物远不是某一种标准所能定义的。

文 / 保安 007

曾经有人私信问过我："你觉得当代女生最好的'医美'是什么？"

我当时给的回答不是自律的运动，也不是读万卷书，行万里路。我的答案既简单又粗暴，就是卸载你手机里某书、某音这些社交 App。

很奇怪吧？其实当你卸载这些 App 后，你会发现你自己本来就很美。不再每天将精力消耗在关注别人的评价中，不再去追逐下一个流行变美的风口，你或许也能理解"参差不齐乃世界之本源"这句话。

这个社交平台大放异彩，人人都是自媒体的时代，极大丰富了我们的碎片时间，每个人都可以做自己生活的主角，也能隔着屏幕收获来自陌生人的赞美。但这些平台也是个巨大的焦虑制造机器。

我的朋友小 t 平时在某书上很活跃，每天都会分享自己的照片、视频以及日常生活故事。她特别喜欢发布自己化妆后的美照，偶尔也会做一些美妆教程分享，一开始会收到一些陌生网友的赞许和好评，这让她萌生了有朝一日能转型为美妆博主的念头。

某天，小 t 照例发布了一组自己化妆后的自拍照。起初，照片获得了不错的反响和赞美，她感到十分开心。然而，当她继续浏览更多的评论时，却发现一条评论："化妆显得太过俗气了，不如简单素雅，你的天然美会更加迷人。"

这条评论立刻让小 t 自信心大减，开始担心自己平时的妆容是否真的太过。她继续翻看其他人发布的美照，发现大多都选择了落落大方的妆容，下面的评论一水的夸赞，"就喜欢这种干干净净的妆容""化妆的精髓就在于画了却像没画"。她开始为自己的长相与妆容焦虑起来。

为了证明自己，实现美妆博主的目标，小 t 不断精进自己的化妆技术，在接下来的日子里频繁发布自己的照片，但是获得的赞美却越来越少，她也变得越来越在意别人的评价，往往网友的一句点评就能让她陷入深深的自卑。她常常会在半夜醒来，忧心自己的相貌问题。

后来朋友聚会见面，我发现她整个人都变得憔悴了许多，曾经那个落落大方的她不见了，因为长时间失眠，导致她的皮肤越来越差，而浮夸的妆容也与她清纯可爱的风格完全不搭，就像小孩子偷穿大人的衣服，有种不合时宜的别扭。

听了她的烦恼后，我告诉她，她这是典型的自我意识过剩。

过度在意他人评价，在社交媒体上展示生活细节以寻求认同感，这最有可能加重自我意识过剩，从而产生焦虑。只有充分接纳自我，不过度依赖他人评价，方能在这个时代保持心理健康。

社交媒体的过度使用在一定程度上会加剧焦虑感的主要原因有以下几点：

1. 担心社交评价。在社交媒体上分享生活细节和照片，会担心得到怎样的评价和反馈，这会成为焦虑的来源。特别是年轻人，更容易被这种社交评价影响。

2. 担心失去认同感。社交媒体上朋友的生活看起来很精彩，相较之下会觉得自己的生活乏味，难以得到认同。

3.FOMO（全名Fear of Missing Out，错失恐惧症）现象。见到好友在社交媒体上享受各种乐趣，自己却无法参与，会产生被忽视和错失乐趣的焦虑感。

4.信息过载。社交媒体上的大量信息轰炸，加重了生活压力，焦虑感随之增加。特别是消极、焦虑的信息更容易引起共鸣。

5.网络成瘾。过度依赖社交媒体，每时每刻关注更新和互动，难以自拔，这会成为持续性焦虑的来源。

当你在某书、某音上羡慕着那些光鲜亮丽的分享时，其实这一切都是对方想让你看到的一面。现实中，大家其实差不多，和你有着一样的烦恼与物质基础。但一旦与社交平台连接，我们会不自觉地从中汲取信息，而现实与我们从网络上所看到的之间是脱节的，网络上所看到的脱离了世界的本来面目，感觉自然会失真，最后甚至会迷失自己。

如果你无法像我开头说的那样彻底卸载这些App，做出断舍离的话，不妨试试下面的方法：

1.限制自己社交媒体的使用时间，避免沉迷。

2.选择性关注，避免消极信息。

3.积极互动，而不仅是被动浏览。与真正的朋友互动可以获得认同感。

4. 避免过分展示生活细节与荣耀，分享真实生活。

5. 学会欣赏他人的生活而不焦虑，活在当下。

6. 多参与实际的社交活动，不要仅依赖虚拟社交。

美不是单一的，美的定义是主观的、多样的，不应被局限在某个固定标准中。朱光潜在《谈美》中说："离开人的观点而言，自然也本无所谓美丑，美丑是观赏者凭自己的性分和情趣见出来的。"比如社交媒体上大肆宣扬的一些标签，要知道每个人对美的理解和审美眼光都是不同的，这种差异性体现了人的多样性。把美划归为某一绝对的定义和标准是不正确的，也无法涵盖美的多面性。

英国作家夏洛蒂·勃朗特创作的小说《简·爱》里，有一段女主在面对男主时的独白，真的发人深省："难道我是一个没有感情的机器吗？难道我贫穷、默默无闻、长相平庸、瘦小，就没有灵魂和感情吗？我和你一样有灵魂和感情，并且如果上帝赋予我美貌与财富，我也可以让你离不开我，就如同我离不开你一样。我现在不是用你们上流社会那种笼统的词句来夸张我内心的感受。因为终有一天，我们都将经过坟墓，同样站在上帝面前，因为我们本来就是平等的。"男主罗切斯特则认为："她很迷人，因为她很擅长做自己。"

"不是所有的花都必须长成玫瑰。"你可以只做你自己。尽管这样的你，顶着一张平凡的脸。

成功也不只有一种标准。同样，对成功的定义也是主观的，取决于每个人的人生价值观与追求。金钱、地位、成就只是其中几种衡量标准，但绝非唯一标准。拥有幸福的家庭、满足的生活、健康的身体以及平静的内心，也可以是成功的体现。

卸载App，警惕过多地汲取网络信息，我们在网络上看到的不过是世界的剪影，它模糊了世界的本来面目，扭曲了我们的真实感受。我们不应被某一社会价值观所限制，美好的事物具有主观性与多样性。只有打破框架，以宽广的视角来理解世界，才能发现生活的更多可能。

在当今社会，一些人容易被舆论与固定观念所限定，从而失去自我判断与想象力。我们不应被"单一的标准"所限制，美好的事物远不是某一种标准所能定义的，成功的体现也远超数字与成就。要拥有开阔的视野，发现生活的更多可能，这需要独立思考与宽广的心胸，不被常规观念约束，这也恰恰是当今社会最为缺失的品质。

"参差不齐乃世界之本源"这句简单的话，道出了思考与生活的简朴真谛。它鼓励我们超越常规，发现更广阔的世界。这种思维模式的转变，也许可以更好地提升生活的满足感与幸福感。

有时候放下手机，才是你真正跟外界联结的时刻。

不 P 小肚子的人先自由

活在他人目光审视下的自由，不是真的自由。

文 / 排版 002

　　内核不稳的一个表现是容易迎合他人的价值观，在一些女生身上又具体表现为容易身材焦虑、容貌焦虑。

　　有朋友休年假去泰国玩，在朋友圈晒出自己游玩的照片，看得出来她玩得很开心。回来后她却哭着对我说要减肥。起因是有人在她发的照片底下评论"吃得挺好啊，小肚子都出来了"，从那以后她在朋友圈发照片之前一定会"P 小肚子"（修图），而且会 P 好久。这位朋友明明很瘦也很漂亮，我从来没有注意过她肚子上有肉。不管我怎么劝都不起作用，她已经报名了私教课，并已经开始尝试网上的各类明星减肥法。

　　我挺理解她的"小肚子焦虑"，我也曾迎合"白幼瘦"（皮肤白、体态幼、身材瘦）的审美倾向，深陷小腹不平的泥潭。苦腰间赘肉久矣，为了练出腹肌，我开始戒碳水，连吃红烧肉不吃米饭这样的事情也做得出来。但哪怕我瘦到90斤，体脂率只有20%多，只要一不收腹，肚子还是鼓鼓的。在坚持一年多虐腹训练后，望着一坐下来就堆成一圈的小肚子，我欲哭无泪："脂肪，你为什么就是不离开我？"

物理方法行不通，我开始"魔法攻击"。为了视觉上遮住小肚子，也为了比例更好看一点，我基本上只穿高腰裤，腰带一定扣到最后一个孔，一天下来只觉得喘不上气。我也曾痴迷于P图，P小肚子是常规操作，甚至头发丝、发缝、指甲旁边的角质层都照顾到，真正的武装到牙齿。当我还在为自己小肚子上的那几两肉而苦苦奋斗时，营销号又开始了对体态的新一轮"魔法攻击"，我又开始因为体态问题而焦虑。越照镜子越觉得自己骨盆前倾、膝盖超伸、肱骨前移、翼状肩胛、足弓塌陷、胸椎曲度变直……镜子中的自己俨然集齐了博主口中的所有体态问题。"人老先老背，背薄1寸年轻10岁""没有丑女人，只有懒女人"，这样的话特别容易影响我，塑形之路比减肥之路更艰辛。

可能身材焦虑、容貌焦虑是年轻时的必修课吧，想让自己变得更好看一点嘛，几乎很少人能躲过。但很容易变得对自己越来越苛刻，给自己施加更多的压力。

我们试图成为别人眼中最完美的成功者，渐渐地却发现，心中永远有一个地方是没有办法填满的，因而更加焦虑不安。**我们追赶着新媒体时代掀起的一波又一波新的潮流，浸泡在能够一键美颜的"快餐时代"，分享带着井号键的话题生活，而我们的认知却远远没能同步跟上，来不及思考就被牵引着前往下一个风口。**

我身边的很多姑娘也都不同程度、不约而同地陷入了容貌焦虑的陷阱，社交媒体上也总能看到一些年轻女孩子因为"服美役"（指女性有变美的义务）而引起争议：觉得自己五官不够精致，脚腕不够纤细，身材越来越走样，却鲜少谈论才华、性格、品质、勇气、责任这些同样美好的品质。还有 A4 腰、漫画腿、直角肩、锁骨放硬币……各种热搜又一次为容貌焦虑的人们推波助澜了一把。有些人甚至不仅是对自己苛求，还会不自觉地道德绑架朋友，用自己那套标准来要求别人，认为朋友不追求美就是不自律，朋友不化妆就是对自己不尊重。

仔细想想，我当时还有很多离谱行为，从头到脚没少折腾自己。会因为社交网络都在说"头发是女人的第二张脸",就花很多时间在让头发变得又多又柔顺又有光泽上,尝试各种洗发水、精油,去日本玩的时候特意背回来吹风机,保养头皮……

但后来他们又说"脚是女人的第二张脸""手是女人的第二张脸""牙齿是女人的第二张脸""脖子是女人的第二张脸""背是女人的第二张脸""屁股是女人的第二张脸"……我才意识到这条路没有尽头,这仅是制造焦虑的话术,为什么要去在意一个被人编出来骗你花钱还让你焦虑的东西呢?

总之,在花了大量的时间和金钱在身材、外貌上后,我只得到了一个字——累,也因此错过了一个更舒服版本的"我"。

想一想啊,当我下班后回到家,还要花几小时精致护肤、跟美妆博主学习化妆,哪里还有时间去公园散步,在阳台种菜,在阅读中获得平静?当我为了变白,不敢去晒太阳,哪里还有机会去感受爬山、徒步、骑自行车的快乐?为了让别人觉得我瘦,觉得我变好看了,觉得我比实际年龄看起来年轻,真的有必要吗?为什么要费那么大劲去违背自然规律?

我意识到自己开始和外在的自己和解,内在变得稳定,是在和年轻同事聚餐的时候。拍完合影后,年轻同事要开始 P 图了,她很体贴地询问每个人的 P 图需求。首先，我感谢她的好意；其次，我很坦然地说："没关系，我不用 P。"虽然照片里的我腿很粗，腰间有肉，皮肤也很黑，但我已经接受这样的自己了，我已经知道，审美是多元的，不只有一个标准。不在滤镜和美颜镜头下的我或许不够完美，但足够真实。

以前和朋友见面，我会特意提前跟她说"我不化妆，你别介意"。现在无所谓了，我想化就化，不想化就不化，不需要向任何人报备。

可以说，接受小肚子的存在后，我才真正开始接纳全部的自己。我现在穿很宽松的裤子，肚子不用再紧绷一天。炎夏高温天气，穿露脐装让我感到很是凉快，不再在乎任何人的凝视。因为我知道，"小肚子"是进化出来的优秀脂肪，是在保护我们的健康，这也是女性的正常生理构造。

我不再在意任何人的评价。以前只要稍微胖了一点，换完衣服出门前都会问男朋友："我这样看起来胖吗？"他的一句"不胖"，立马能消除我的焦虑。现在我压根不把他的话当回事儿了。前几天打完网球和他去逛超市，他提醒我："你确定不把网球裙换掉吗？看起来腿很壮哟。"我内心毫无波动地表示："我打网球,腿肯定会壮,而且壮又不是贬义词,是一种力量,我很喜欢。"我还有一个明显的感受是,在不介意自己腿粗、胳膊粗、肚子有肉之后,跑步的配速从10提升到了7,我甚至可以做50个俯卧撑,爬山到攀升阶段也不会像以前一样累得上气不接下气了。这时才意识到,我以前做不到,纯粹是因为太瘦弱,没有肌肉去支撑我做而已。这也让我意识到,原来瘦真的会限制我成为一个厉害的人!从此以后我也变得乐于说自己腿粗胳膊粗了,那是有肌肉线条感,是有力量的腿和胳膊!长在自己身上的肌肉,才能真正带给我力量和韧性。

有一次在超市的扶梯上,前面有一个推车,车里坐着一个宝宝,突然推车开始往后倒,宝宝妈妈一阵慌乱,我在后面淡定地伸出右胳膊一把就将推车稳住了,宝妈一个劲向我表示感谢。我瞬间感觉自己真的变强大了,能保护别人了。

现在回过头去看,我容易被影响也是因为觉得自己不够完美,但从来不去思考:完美的标准是什么?是由谁定义的?如果是我说了算,那为什么完美的定义不能是强壮有力?更何况,不完美才是常态,太用力追求完美只会越来越累。

在试着取悦自己的成长路上,我发现我永远无法去迎合别人和社会审美。容貌的确是我们在与人交往过程中的第一吸引点，追求完美的形象无可非议，我们本质上都希望得到别人的赞赏和喜爱，但它真的没有那么重要。**活在他人目光审视下的自由，不是真的自由。**

比起追求外在，先别怪自己，从内心接纳并喜欢全部的自己。而这一切，就先从不P小肚子开始。

不要认为没人爱你，
你的身体每时每刻都在爱你

请认真对待这可爱的身躯，感激它的忠诚和不离不弃，爱它，如同爱你生命中最宝贵的存在。

文 / 保安007

你是否曾感到，这个世界根本没有人真正爱你？

好像这个世界上所有的爱都是有条件的——

而我们不愿意一个人吃饭，不愿意一个人看电影，不愿意一个人逛街，不愿意一个人学习……感觉孤独就像一只凶猛的野兽，我们随时会被它吞没，对它避之不及。

渴望被爱是人类最本能的需求，当你发出"好想有人爱我"的感慨时，你却忽略了一位永远不讲条件，也永远不会背叛你的朋友，那就是你的身体。

身体的爱是无条件的。

"如果身体是透明的，你就能看到肺有多奇特多漂亮，它就像个设计精密的发条机器,却又如此柔软、安静。而心脏,那个爱你的心脏,那个为你一天跳动不止 10 万次、全年不歇、终生无休的心脏,在你情绪低落、怨天尤人的时候就想想它不求回报的爱,会不会感到些许欣慰呢?"

这是朱莉娅·恩德斯在《肠子的小心思》里写的一段话。我们的身体就像是一位最忠诚的朋友,一个永远不会背叛我们的信徒,即使我们吃着垃圾食品,让它过度运转,不给它好的休息环境,甚至是故意伤害它,它也不会背叛我们。

之前滑雪时不小心从跳台上摔下来,落地时下意识地用手肘支撑了一下地面,落地的瞬间我明显感觉自己的胳膊肘被拧过去了一下,突然感受不到它的存在,整条胳膊一下子没有了知觉。当时我心里想完蛋了,我这条胳膊不废也得折了。到了门诊,医生初步诊断后让我去拍片子,等我拿着完全看不懂的片子回去找医生,心情忐忑地等待医生下最后的通牒时,医生看了一眼片子,说没什么事儿,就是磕到了,养几天就好了。我着实被震惊到,问医生:"我从 6 米多高的台子上摔下来,胳膊肘着地居然没摔坏吗?"医生看着我难以置信的表情,安慰道:"手肘这儿的结构比你想象的结实多了,这个部位也没有软组织,理论上这里比很多金属都坚硬。你得谢谢它，幸亏是它先着地，它努力地在保护着你呢！"

当时的我摸着自己的胳膊，带着劫后余生的庆幸，原来我的身体一直都在默默地保护着我，是天底下最可靠的朋友。

之前我总是熬夜，吃垃圾食品，换季经常生病，被妈妈吐槽身子骨太弱了。后来开始注重健康，研究了很多相关方面的知识，才知道原来身体真的比我们想象的更坚强，更爱我们自己。

你的胃液酸性非常强，甚至能够溶解钢制刀片。但神奇的是，胃也会分泌一种黏液来保护自己，防止被自身的胃液消化。

在一秒之间，你的身体已经制造了100万个红细胞。它们在你的血管中运输氧气，保持你的生命运转，然后静静地死去。

肝脏是你体内最坚强的器官。即使被切除三分之二，肝脏也能够重新长回原来的样子。

你很难用各种作死的方式杀死自己。每一次行动都会诱发身体强大的保护本能，让你无法战胜本能的力量。

你的身体即便在疲惫不堪时也会忍耐着酸痛和负重，依然坚持守护着脆弱的器官，将这躯壳打造成坚不可摧的盔甲。它努力地让我们快快乐乐地生活，直到生命的终点，大脑会发出最后一道指令，将体内仅有的 5% 肾上腺素全部分配给神经系统和声带肌肉，让你和自己的亲人以及这个世界做最后的告别，然后，大家一起并肩作战到最后一刻，圆满完成今生的任务。

每一寸肌肤，每一个细胞，每天都在与我们并肩作战，我们没有理由伤害它们，没有理由不爱它们。请认真对待这可爱的身躯，感激它的忠诚和不离不弃，爱它，如同爱你生命中最宝贵的存在。

之前看对《我身体里的人造星星》的作者——爱尔兰作家希内德·格利森的采访，她把自己身体里的金属称为"人造星星"，将伤疤称为"地图"："那是一张地图，追踪着生命的连接之处，指引我从不同的角度看待事物。"

她在书中写道："身体是过后才会去追想的事儿。我们不会停下来思考，心脏是如何以它稳定的节奏跳动着；也不会留心，我们每迈出一步，跖骨如何随之像扇子那样展开。除非体验到愉悦或疼痛的感觉，我们丝毫不会注意这些活动着的血管、血液和骨头。肺部鼓胀，肌肉收缩，没有理由去揣想它们哪天会罢工。直到某一天，情况有变：身体突然发生变故。我们的身体——它的存在，它的分量——既是不可忽视的实在，又往往被视作理所应当而不受珍视。"

  对身体的探索，也是对痛苦的探索，对自身的认知永远不会停步。不要等到疾病缠身时才追悔莫及。身体承载了我们所有的岁月。好好度过我们的一生，就从珍惜自己的身体，学会倾听并平等地和身体对话，真正去爱惜它们开始，从最深层次开始治愈我们的生命。

  当你觉得自己一无是处的时候、黯淡无光的时候，不要沮丧。因为，你的这具身体还有七千亿亿个原子都在为你而活着。

天大的事儿，也别耽误吃饭

只有好好对待自己，才有源源不断的力量去应对各种难题。

文 / 保安 007

一个内核超级稳定的人最大的表现就是：生活中就算遇到天大的事儿，也不能耽误吃饭。这是我从一个 90 岁老爷子身上悟出来的。

朋友小迪是她姥爷一手带大的，之前我们一起去山东玩的时候，正好路过临沂市，特地拜访了一下姥爷。小迪的姥姥前几年去世了，现在老人家自己独居，家人怕他孤单，也担心他年纪大了没人在身边时刻照顾，大家难免挂心，一直想让他搬去市里的疗养院。老爷子直接拒绝了，给出的理由是："我自己能照顾好自己，你们完全不用担心我。"儿女以为老人是怕给自己添麻烦，结果老爷子转过身自己做饭去了。家人见拗不过他，只好答应。

初次见到小迪姥爷的时候，我觉得他老人家的确没有嘴硬，他真的把自己的生活料理得很好。

老人家精神矍铄，思维清晰，行动也很利索，每天还会自己做饭，家里也收拾得井井有条。晚上还会下楼喂野猫、遛弯。聊天中我们才得知，原来姥爷今年居然已经90岁了，但看上去完全不像一个耄耋老人。见到我们第一面时他问我们："你们吃过饭没有啊？"到了姥爷家里已经是下午，我们说上午吃过了，晚一点小迪要带我们去吃当地美食，所以晚些再吃。小迪姥爷一听，摆着手说："那怎么行？人是铁饭是钢，一顿不吃饿得慌。你们年轻人更得好好吃饭呀！"说完要强行留下我们吃晚饭。

"你去打听一圈，临沂最好吃的菜就在你们现在站的地方了。"盛情难却，我们三人只好留下。姥爷开心地拎上购物袋就要出门，说要亲自去菜市场买菜。我们几个却慌了，忙说大热天的我们去买回来就行了，但老人一定要跟着去。买菜回来后老人家在厨房一阵忙活，我们多次想去搭把手，都被老人家赶出来了。

看着老爷子一个人在厨房忙得不亦乐乎，我忍不住问小迪："你姥爷真的有90了吗？！行动怎么能这么矫健呢？"小迪看了眼厨房，说："他一直都这么有精神头，吃得多睡得好，除了今年刚开始拄拐以外，与往年没有任何变化。"

"那他是有什么长寿健康的秘诀吗？"

小迪耸了耸肩让我自己去问。

我拎起一根黄瓜进了厨房，靠在门口边吃边和老人攀谈起来："姥爷，您为什么看上去一点也不像 90 岁呀？"

老人家手中的活儿一点没停，边翻炒着锅里的西红柿边笑着回答："因为我过了生日才 90 岁，今年才 89，当然不像 90 岁的了！"

我也笑了，我夸他老人家心态真好。我问他："您快 90 了还能保持这么好的状态，有什么秘诀吗？"

老人摇了摇手中的锅铲："能有啥秘诀啊，我这么多年就坚持一件事儿，好好吃饭，就算天塌下来了也不能耽误吃饭！"

我不置可否，锅里飘出的香味让手中的黄瓜瞬间失了味道。

饭桌上姥爷提出要和我们喝几杯，被小迪拦下了，她又气又笑，一把夺过酒杯："您都多大岁数了，还喝呢，老实待着吧！"

"小毛（朋友的乳名）知道心疼我了！不错不错。"老人笑看着小迪说，"你出门在外也要好好心疼自己呀。几年没回来，瘦了不少，在外面应该没怎么好好吃饭吧。"

小迪的笑容僵在脸上，连忙喝了一口酒掩饰道："我好着呢！你别担心我。"

姥爷没说话，又默默往小迪碗里夹了许多菜。

的确，小迪最近过得并不好。

刚和男朋友分手不久，就赶上了互联网公司大裁员的浪潮，最惨的是原本还有半年才到期的房子，因为房东资金周转着急出售，小迪直接被赶了出来。屋漏偏逢连夜雨，这么短时间内遭受这一连串的打击，任谁心里也难免郁闷。所以这次出来玩，特地叫上小迪也是为了让她散散心。

小迪是她姥爷一手带大的，虽然她什么都不说，但是姥爷还是能从她强颜欢笑下看到那笑容背后的裂隙。老人家默默地给杯子添上酒，然后开始分享起了自己以前的事儿。姥爷看着小迪，摸着她的头安慰道："事业、金钱都是身外之物，只有身体是你自己的。你们年轻人在外面压力大，工作忙很正常，但记住，遇到天大的困难也别忘了好好吃饭，吃饱了才有气力去忙乎。身体垮了，赚再多的钱有啥用呢？"

小迪听后眼睛瞬间红了。

长大之后,"好好吃饭"似乎成了生活中最微不足道的事情。想到曾经的自己也是一样,失恋了会难过到吃不下饭,工作压力大了会忙到不想吃饭,遇到困难会觉得天都要塌下来了,哪里还有心思吃饭呢!

我们每个人都会遇到形形色色的"天大的事儿",但仔细想来,任何事情都无法与自己的生命相比。越是忙碌的日子,越要注意维护好身心状态。只有好好对待自己,才有源源不断的力量去应对各种难题。 家人存在的意义,就是或许他们并不懂在外奔波的你遇到了什么,也无法帮你解决问题,但他们会细心地觉察出你的情绪,会在你伤心难过时,为你做一桌热气腾腾的饭菜,会在电话中叮嘱你记得好好吃饭。**在那一餐一饭之间,有着坚持下去的希望和从头再来的勇气。所以,即使最艰难的时候,也别忘了照顾好自己,筋疲力尽的时候,不妨停下来饱餐一顿,补充好能量,才有力气继续出发。**

日剧《四重奏》中,小雀因为父亲的突然离世和往事浮现而痛苦不已,作为朋友的卷真纪便带她去吃饭。小雀一边吃一别流泪,卷真纪见状便安慰她:"哭着吃过饭的人,是能走下去的。"**尝过眼泪的味道,才能笑着继续上路啊。**

一个真正内心强大稳定的人,他的思想重心永远都放在如何解决问题上面,想要渡过难关,就需要有稳定的情绪和具有执行力的身体,需要戒掉那些焦虑与不安带来的连锁反应。

失恋,错的过去是为了迎接对的到来;工作,一切付出一定会有回报,哪怕不是在当下;相信一切都会好起来。所以,天大的事儿,也不能影响吃饭。

每当遇到再大的困难,也要首先问问自己:今天好好吃饭了吗?

运动的快乐,我终于找到了

在运动时,我可以自由地呼吸和穿行。

文 / 排版 002

几年前,我突然产生了很严重的身材焦虑。那时候小某书刚火起来,我看到了各种各样拥有马甲线、细腰、大长腿的美女,内核尚不稳定的我,还没有坚定地拥护多元化审美,一下就被裹挟了,默默下定决心:必须瘦到 90 斤!我要穿 S 码的漂亮裙子!

我开始极端地健身、节食、吃健康餐。一年后,我瘦了 20 多斤,但只要一走到街上,就会看到比我更瘦、身材更好的女孩,我就还是对自己很不满意,停下了本来要迈向奶茶店的腿,转身进健身房虐臀虐腿。

可以说,眼里只有体重秤数字、运动手表数据的我,一点运动的快乐也没看到。

由于身材焦虑，我甚至还会纠结去健身时的穿着。连去健身房要不要穿运动背心和瑜伽裤都犹豫半天，老觉得自己身材比例不好，皮肤也不好，胳膊也不细。这下好了，别说体会运动的快乐，就连健身时基本的舒适都被我完全放弃了。

后来我有了运动 PTSD（创伤后应激障碍），只要一提到"运动"这两个字，身体就会很抗拒。我又陷入了另一个极端：休想让我把健身的苦再吃一遍！

在一次次的运动和减肥的失败与反复中，我终于挨到了和自己的身体和解的 35 岁。

我意识到自己完全接纳了自己，是在打网球的时候。我毫无顾虑地穿着运动背心和网球裙，露出圆鼓鼓的肚子和粗壮的大腿。我只在乎这样打球很舒服，而不在乎任何人的评价。

运动的人常说"自律给我自由"，但我觉得，不惧别人的眼光，享受流汗的那一刻，才是真正自由的时刻。站在球场上的我大汗淋漓，感受着风吹过后背的皮肤，那一瞬间，好像所有的压力都随着汗水蒸发掉了。

有一个心理学的概念叫"身体失联"，是说和身体失联的人会习惯将头脑中的欲望凌驾于身体感受之上，把身体当成实现目标的工具，而不是爱自己的身体。

身体失联的状态会让自己被外部标准裹挟，失去人生的掌控权。

可以说，我现在重新建立起了和身体的联系，我终于听到身体在说：S 码的裙子很不舒服。

于是我把衣服、裙子全部从 S 码换成 L 码，我感到身体舒展了很多，我的肉身，再也不用挤在那个破标准里了！更重要的是，我不再惧怕展现自己的身体了。

可以说，感受自己的身体，是感受运动快乐的前提。

现在我可以说，我感受到运动的快乐了。我是为了享受过程，去做我喜欢的运动，而不是为了"减重"这个结果去健身。

日本人气女演员天海佑希，在一次访谈中谈到自己对婚姻和健身的看法时说道："姐姐我已经对结婚不抱希望了，比起相亲，我更注重健身。男人会背叛你，但肌肉是不会背叛你的哟。"我深以为然。

运动是面对自我的过程。 在运动中，人们会更诚实地面对自己，面对自己的腰间赘肉、年龄增长、体力下降、肌肉流失，也会在每一次运动结束后瘫倒在地上时，感受到力量一点一点重新回到体内的那种感觉。

运动不再是减肥的唯一目的，就像每次看着运动时间的增加，压力却随之减少一样，它所带来的成就感更加具象化。在运动时，我可以自由地呼吸和穿行。

比起健身房里没完没了的重量训练，有氧运动更容易让我得到快乐。

我有时候早上七点起来，在院子里的丁香树下做瑜伽，专注身体各个部位发出的力量。作为INFP（调停者型人格），抬头看见树而不是天花板，对我来说就是生活的小确幸了。耳边传来鸟叫、风声，我好像在吸收天地间的能量，然后变得活力满满。为了能享用这样美好的早晨，我会想要起得更早，于是不自觉地进入了一个正向循环。

有时候沿着河边跑步，从冬天跑到夏天，河边的景色更让我因为季节的变化而感到充满生命力。其实我从20岁就开始有意识地培养跑步这个习惯，但中间放弃的次数实在太多。我之前一直归咎于我的意志力不行，克服不了长时间跑步的无聊。我现在意识到，是我太着急要个结果。我想要跑10千米，想要跑马拉松，却忽略了跑步过程中对自我的探索。我是谁？我是否能拥有一直往前跑的勇气？是成为更好的自己，还是更好地成为自己？

当然，取得进步，从每千米配速10跑到配速6，也足够我高兴一整天。

运动给予了我明确而直接的反馈，跑步时肆意挥洒汗水的每一刻，都能让我感受到每一寸肌肉，每一分力量，一点一点增长的快乐。身体是最直接的反馈，也是我们在无序的生活中，唯一能够把握住的喘息的出口。

有时候我会骑自行车。我会算好日落的时间，骑到河边欣赏日落。我会去"打卡"收藏夹里的咖啡店，偶尔也会骑车通勤。骑车，让我能去的地方更远了，也更熟悉北京各个地方的地理位置。如果说跑步是感受强风吹拂，那骑车就是追着风跑，有一种随时可以起飞的自由。

我还会带小狗去爬山。拉宝有点胖，需要足够大的运动量去保持身体健康。爬山是适合我们俩的运动。拉宝是去过西藏的狗狗，去过珠峰大本营，而我心肺不行，爬坡特别吃力。在爬山方面，我远不如它。每次它跑在前面，然后回过头等我，都好像是在鼓励我："加油呀，马上登顶了。"和小狗一起感受自然，在山顶俯瞰北京，让爬山充满乐趣。

我也爱上了打网球。网球运动让我感受对身体极致的控制，同时又让我保持绝对的放松。我的网球教练跟我说："球过来的时候不要急，你有足够多的时间。"我觉得这句话充满了智慧，并打算在生活中也践行。打网球最大的快乐就是进阶感，每次练习都能掌握一点新东西。网球比起其他我喜欢的运动，多了一点竞技性，自然也多了几分"赢"的快乐。

我想，人生可能真的是一个"游戏"，每个阶段都会解锁新的地图，领新任务，得到新道具。我 35 岁领的任务是找到运动的快乐，目前拥有的"道具"是自行车、网球拍、跑鞋、瑜伽垫。

一想到还有那么多的"道具"等着我去收集，那么多的运动项目等着我去尝试，生活就充满了盼头。

最严重的病，是觉得自己有病

好好享受每天的阳光，珍惜健康的身体，这就是对生命最大的敬意。

文 / 保安007

有一天早晨起床，我发现自己的右脸莫名地肿了起来，用手摸了摸，不痛不痒，肿块也不是很大，本以为是上火发炎，一开始没有太在意。

但是到了中午时我整个右脸都肿胀了起来，第二次照镜子的时候把自己吓了个半死。于是我赶紧上网查查到底是怎么回事儿。这一查不要紧，按照网上的说法做了一下自我诊断，我成功地在网上得了"腮腺癌"。

虽然我也知道，上网查病症确实有可能导致"网络疑病症"现象，可是摸着肿得像皮球的右脸，我还是慌了，巨大的心理压力让我焦虑到吃不下饭。

当天晚上我抱着绝症病人的心态到医院挂了一个急诊。当天值班的是一个很年轻的医生,问诊期间我一直带着哭腔问医生"我还有救吗?",可能是见惯了生死,医生先是触诊了我的"肿瘤",然后不紧不慢地让我去排队拍片。这更让我心急如焚,甚至已经在脑海里构思遗书了。

拿到片子,我捂着似乎肿得更大的脸,一路小跑去给医生看。医生对着片子皱眉观察,我的心也跟着拧紧了。医生接下来的一番话更是让我万念俱灰——

"你这个情况不好啊,阴影面积有点大,怀疑是有肿瘤,严重的话可能需要做切除手术。"说完他开始在电脑上敲起了字。

朋友,你知道那种等待宣判的感觉吗?医生敲下的仿佛不是诊断报告,而是我的生死簿。他敲键盘的啪啪声,仿佛就是我生命倒计时的秒针。

"医生,那我该怎么办啊?我还这么年轻,还有好多事情没做,好多美食没吃啊。"我眼里含着泪把对面这个人当成生命的最后一根稻草,苦苦哀求。

医生说:"今天晚上你先回去观察一下,明天一早带着片子来,再去验个血复诊一下。"见我还是魂不守舍,医生拍了拍我的肩膀安慰道:"先别难过,毕竟还没有确诊。"

回去的路上,我想到自己还这么年轻,还有那么多地方没去过,还有那么多美食没吃到……越想越难过,越不甘。我掏出了手机,然后把自己的所有账户密码都写了下来,时刻准备移交给自己的母亲。写着写着,不禁悲从中来,后悔自己怎么就忍不住吃了那么多垃圾食品,熬了那么多的夜。我发誓如果恢复了健康一定规律作息和饮食,好好爱护自己的身体。

晚上躺在床上彻夜难眠,又开始在网上乱查一通。如果你看到我的搜索记录,可能会怀疑我是一位被癌症困扰多年,想放弃生命的苦难人。那种接近死亡的恐惧像是一只巨大的手擒住了我,我盯着天花板,看着外面的天一点点变亮,第一次失眠。

一夜没睡的我,第二天一大早就打车来到医院。早晨八点半坐班的是个戴着眼镜、年纪很大的医生。我坐下后夸张地形容着自己的病情,手舞足蹈,把在网上查到的信息全部安到自己身上,仿佛已经给自己确诊,想让医生赶紧救救我这条年轻的生命。医生耐心地听完我的长篇大论,让我先冷静一下,扶了一下眼镜看了看我的片子,然后摸了摸我的右脸:"没啥事儿。"

啥?什么叫没啥事儿?怎么就没啥事儿了?昨天不还是肿瘤

需要手术吗？我不是已经进入生命的倒计时了吗？

我当时有点不敢相信自己的耳朵，连续问了三遍"您确定吗？"，医生笑笑说我这个就是再普通不过的细菌性腮腺炎，让我回去注意下环境卫生，饮食调节一下，简单开了一些发炎镇痛药就完事儿。

从诊室走出来时，我整个人还处于眩晕的状态。直到走出大门，阳光忽然照在身上，温暖但不刺目，那一刻我突然觉得自己如获新生。想到昨晚要死要活的自己，忽然就如释重负地笑了。

"大多数的病都是自己吓出来的"，这句话还是有道理的。自己觉得自己有病，从而陷入焦虑的状态也算是一种内耗。不光是我自己，身边的很多朋友都有我这种过度关注自己健康的问题，大家总是过度解读自己的症状。许多常见的症状并不表示有严重疾病，可能只是短期的生理变化或因发炎、感冒等引起的。及时就医，不必过于担心。

即便网络上描述的某些疾病症状与自己的类似，也不代表您就患有那种疾病。焦虑会影响免疫力，加重症状，产生"既定结论"，也难以客观看待症状变化。

对健康焦虑的人常会出现"假病症"的情况，觉得自己的正常生理现象都是某种疾病的症状。这其实都是由焦虑引起的误会，如果你也有和我一样的问题，我建议大家：

1. 理解焦虑可以引起生理变化。焦虑激活了自主神经系统，引起心跳加速、出汗、胃肠道不适等，这些变化往往被误认为是疾病症状。知晓这一点可以避免这类误判。

2. 学会区分正常生理变化和疾病症状。比如咳嗽偶尔出现可能是生理反应，并非肺部疾病的症状。头晕也常见于焦虑期间，并不意味着必有严重疾病。增加对这方面的认知，有助于判断自身症状。

3. 避免过度解读身体信号。人体每天都在发出各种生理信号，大多数并非疾病的症状。焦虑人群容易过度关注身体的细小变化，并将这些变化误判为病理现象。这说明我们要学会忽略细微变化。

4. 信任医生而非网络。网络上大量的虚假信息会加重人的焦虑，使人产生虚假的"网络疑病症"，从而误认为自己生病。我们应该避免在网络上搜寻诊疗信息，而是要信任专业医生的判断。

5. 采取放松技巧。定期采取放松练习，如瑜伽、冥想等，可以有效缓解焦虑情绪，减少对身体信号的过度关注，由此也就能避免把正常生理变化误认为疾病。

总之，对健康的焦虑可通过理性分析、增加认知、及时就医、放松身心等方式缓解。重要的是分辨焦虑造成的生理变化和真正的病理症状，避免被焦虑引起的虚假信息误导，这是摆脱"假病症"的关键。通过不断调整，焦虑程度会逐渐减轻，自己从而不会再过度解读一些生理信号。

患病的这段经历也让我对身体健康更加重视，想起我喜欢的作家史铁生，轮椅上的他，每周要经历三次透析，命若悬丝，饱尝痛苦，却能在面对死亡这件事儿时，用平静的口吻说出："死是一件无须乎着急去做的事儿，是一件无论怎样耽搁也不会错过了的事儿，一个必然会降临的节日。"

最后，建议大家不要瞎写遗书、遗愿之类的东西，以免一语成谶。既然最终大家都要迎来那个"必然会降临的节日"，那就在有生之年，好好享受每天的阳光，珍惜健康的身体，这就是对生命最大的敬意。

Chapter 3
你是自己世界的中心，
别一味顺应环境

任何一个你不喜欢又离不开的地方，就是"监狱"。
希望你拼命成为一个有力量破釜沉舟的人。

当上班让你痛苦，赶紧换个班上

大胆迈出第一步，让自己去到合适的环境你就能体会到不内耗的工作有多快乐。

文 / 排版 002

你身边是不是有这样的朋友：一见面，对方就会疯狂跟你吐槽自己的工作，又累又内耗又不开心，说到激动处，"义愤填膺"得似乎第二天就要辞职不干。可一晃好几年过去了，他还是没离开那家公司，只是变得沉默了，连吐槽都提不起劲儿了。

我特别能理解这种不敢辞职换公司的心态。到底为什么？我觉得无非有以下几点原因：

1. 对自己不自信。职场竞争多激烈啊，在自己不可替代之前，做出成绩之前，不敢轻举妄动，而且也怕只待一年两年就辞职简历上不好看，影响找下一份工作，特别是不利于进大公司。而我们从小受到的教育，都是"吃得苦中苦，方为人上人"，自然也忍不住会强迫自己咬牙坚持,"我做得还不够好""我的情绪管理还不够强",深耕自己。

2. 害怕不确定性。经济形势不乐观的情况下,大公司都在裁员,新工作不好找。就算找到了,相同行业的公司工作内容又差不多,面对的消耗都是一样的。如果去不同公司,又不确定自己能不能胜任,重新适应陌生的环境也很累。还不如就在这儿待着,起码是舒适区。

3. 不敢戳破幻想。都坚持了那么久,如果就这么放弃,是不是就会错过老板说的"马上让我年薪百万,在北京买房"?很难遇到一位这么重视我的老板,万一公司真的上市了我就是初创成员了,这可是千载难逢的好机会。在一个又一个幻想中,逐渐失去改变的勇气。

4. 年龄的焦虑。职场对30岁以上的人不太友好,35岁被优化的现象很普遍,说不定年龄到了就被裁了,何必瞎折腾。更别提还有车贷房贷、上有老下有小的压力,哪敢随便乱动,只能硬着头皮咬牙硬撑。年龄摆在那儿,试错成本太高。比起走弯路、走错路,还是待在原地更保险一点。

5. 不知道自己真正想做什么。有的人天天在上班,但没有一天在认真工作，好像只要是能养家糊口，干什么都行，以至于对上班产生了消极心态，对工作失去热情，对人生的可能性失去想象。

我尊重这种选择，因为我也曾在一个糟糕的职场环境里备受煎熬，忍了很久才敢辞职。

辞职的原因是当时的领导说我不合群，她希望我能改变一下自己的性格，这样才能融入团队。而融入的方式，就是每天晚上在办公室跳舞喝酒，一种所谓的广告人该有的生活。作为一个内向的人，我实在无法忍受这种拼命挤进一个不属于自己的圈子的行为。在这样的环境下，"安静""内向""不合群"统统成了缺点，老板经常说的话是"你要走出自己的舒适圈"。这一度让我自卑，我经常会反思，我是不是太无趣了，我是不是不适合干创意。

我也曾试着合群，为了和同事一起打游戏苦练技能，为了接得上同事的梗狂刷短视频，为了所谓的团队凝聚力，说着言不由衷的话。为了取悦他们，放弃了自己独处的时间，最终搞得自己筋疲力尽。

这还只是情绪上的消耗，更要命的是领导对我的一再打压。

我想的创意，永远只会得到她的一句"不行，再想"，反反复复提交新想法之后，最后采用的都是她的想法。我尝试过问她，哪里不行，要往哪个方向调整，她只说："公司招你来就是要你负责这个的啊，我都告诉你了，还要你干吗呢？"这不得不让我对自己的能力产生了怀疑：我真的不行吗？

累积的消极情绪越多，我越需要靠吐槽公司、吐槽领导发泄。有一天，在领导否定我的第3版方案后，我习惯性地在微信里"义愤填膺"地跟朋友表达对她的不满，看着手指在键盘上飞速打出一连串骂人的话，我突然意识到：我怎么变成了整天在背后议论别人的人啊？！

并不是说要默默忍受别人的打压，以德报怨，只是说，这样过度关注别人，很耗损我的精力，也让我一直陷入负面情绪里，乌烟瘴气有害身心健康。我也才注意到，之前一直保持着健身习惯，不断学习新知识充电，极度自律的我，如今下班后就像一潭死水，麻木地躺在沙发上刷手机，还会暴饮暴食，极度厌世。真是难以想象，原本温和平静的我，会变得这么愤怒、暴躁、失去理智、失去自律，生活质量断崖式下跌。

改变的瞬间是一个周五晚上，刚刚加完班回到家，开开心心点了自己喜欢的外卖，找出期待已久准备看的电影，找好舒适的姿势，窝在毛毯下的我忽然收到老板的微信，让我临时修改已经通过的方案，原因是里面有一个用词他不理解。好心情在那个瞬间被一盆冷水浇灭，我盯着手机，忽然觉得，一份工作而已，不值得这么消耗自己。我打开电脑，把草稿箱中的辞职信一键发送，然后关掉手机，安心吃饭刷剧。

这次的离职也让我对"环境的重要性"有了进一步的体会。入职的新公司，同事都很注重边界，下班后都默契得像消失了一样，从来互不打扰，工作时间也只是说工作，从来不用聊天说八卦。领导很尊重我们的个性，几乎不组织团建，也不需要我们表现出家人的感觉，只要把活儿干好就行了。讲求效率，给员工足够的个人空间和发展空间，在这里，不合群反而是优点。

领导也很尊重我的每一个想法，积极维护我的创意，也会明确指出哪些创意出了哪些问题，应该怎么调整，这不但大大提高了工作效率，也提升了我的自信。

被正常的环境滋养后，我整个人焕然一新，原先累积的怨气也慢慢消失了。在这里，我不必虚张声势地"阅读空气"，有更多的时间和精力放在工作上，自然工作成绩也有了突飞猛进的提高。发现了吗？我根本没有改变我自己，只是改变了环境，就变回了正常人。我又恢复了活力和自律，生活慢慢调整回喜欢的状态。

有一本书上说：我们都是环境的产物，很少有人长期置身于消极环境中还能坚守积极的习惯。我很认同这个观点，古有孟母三迁，就是这个道理。

工作的本质是赚钱没错，但也不能低估环境的影响力。选公司就是选环境，一个糟糕的环境会让人变得糟糕。工作本来就是双向选择的过程，不对劲就赶紧跑，我们拥有随时选择的权利。**虽说"强者从不抱怨环境"，但若有能力跳出那个困住自己的环境，救自己于水火，又何尝不是另一种勇敢的挑战？**

勇敢地扔掉"在一个公司待不久，这个人就是不稳定、抗压差"这些外界固有印象的束缚，大胆迈出第一步，让自己去到合适的环境，你就能体会到不内耗的工作有多快乐。

我们不是一味去适应环境，是要给自己创造合适的环境。

"在北京，没人说你的闲话"

偌大的北京，大家都一样，在努力地、自由地生活着，你的孤独，并不特殊。

文 / 排版 002

又到一年毕业季。每年的这个时候，走出象牙塔的年轻人都面临着一个抉择：是选择去大城市拼搏还是在小城市生活？"择一城以终老"似乎不再是年轻人的首选。因为年轻，因为还有更多机遇。权衡利弊的最终结果，也没有人能给出一个正确答案。我们这一代，似乎注定不会停留下来。

我想说的是，没有哪座城市是一旦选择了就要待到终老的，我们拥有随时换一个城市的权利，人生不会那么容易完蛋。

我曾经在某个家政 App 上遇到了一位业务能力特别好的大姐。她第一次来我家打扫的时候，主动帮我把堆在角落里的几十只袜子叠整齐了，还帮我按季节、颜色、长短分好类。这个举动着实是震惊了我。

当时我处在低谷期，家里乱糟糟的，过季的衣服也都堆成山懒得整理，看到曾经一团乱麻的衣服和袜子整整齐齐地待在它们该有的位置，我瞬间有种在杂乱无序的生活中被治愈了的感觉。大姐一直上上下下忙个不停，见我无精打采地瘫在沙发上，安慰帮不上忙的我："没事儿，你们年轻人有更重要的事儿要忙。"

当天因为家里实在太脏了，大姐一直干到晚上十点，这时忽然有人敲门，我一开门就看见一个中年男人一脸焦急地站在门口。原来是她干活时太专注，没看手机，她老公一直联系不上她，很担心，就赶忙过来看看。

后来那个 App 停止运营了，我还是继续请她来打扫，也慢慢地了解了大姐的故事。

大姐姓赵，40 多岁，她老公比她小 10 岁，两人都来自东北一个小地方。赵姐说她 30 多岁的时候还没结婚，家里变着花样地催婚、逼婚，但她都不妥协，因为没有遇到合适的。到了 40 岁时，她忽然带着男友回家，当众宣布要和小 10 岁的对象结婚，家里人从震惊中反应过来，气得要和她断绝关系。

小地方嘛，少不了闲言碎语，赵姐要和"小男人"结婚的消息不胫而走。她的朋友也隔三岔五地打着关心她的幌子打听她的婚后生活，等着看她过得不幸，等着她说后悔。

后来她老公提议来北京："大城市虽然经济压力大，但会让你的精神压力小一点。我可以送外卖，现在送外卖也挺挣钱的。"

她觉得这个男人挺真诚。"之前处的对象都是只会说漂亮话，一点安全感也没有。"

两人便这样来到了北京。

在这之前赵姐从没想过要去大城市打拼，一毕业她就待在老家了，老家安逸、舒适，但也无聊、乏味。赵姐说她从没后悔来北京。

他们在北京的第一个落脚地是高碑店附近一个很小的出租屋。房子虽小，但两个人将这个小屋改造得精致又舒服。赵姐把老公送她的第一份礼物——一本由她的"朋友圈"打印成的书，放在床头，提醒自己：如果要把以后的生活也打印成书，她希望自己现在每一天都努力给这本书添上她喜欢的内容。

赵姐一开始接触家政行业的时候，心里还是比较自卑和抵触的，觉得自己学历低又这么大年纪，只能给人家搞清洁了。她老公鼓励她："这是家政行业！很吃香的！我前几天看新闻还看到有博士放弃了继续读书来干这个呢！"

后来她也慢慢调整了心态，说自己是搞家政的，这是一份很正式的工作。她不再担心老家的人知道她的工作后觉得丢脸了，靠自己的双手赚钱，不丢人。

赵姐胃不好，她老公便每天准时把外卖送到她的工作地点，叮嘱她按时吃饭。

她去工作的路上要背着工具包，她老公就定制了个"家政女王"的牌子钉在上面，挺像回事儿的。赵姐背着它，昂首挺胸，俨然就是女王的姿态。

每去一个新的工作地点，赵姐都会向老公报备，这也是她老公提醒的，要有安全意识。

不工作的时候，他们就去吃好吃的。"他送外卖的时候都记下了，哪家店哪个菜是招牌，说要带我去吃。"说这话的时候，赵姐语气中有掩饰不住的甜蜜。

赵姐说，在北京，根本没有人在乎她有一个小自己10岁的老公，而她可以在这个年纪堂堂正正地享受爱情。

慢慢地，赵姐也在工作中一点点打开了自己的世界。

"我那天做家政的一户人家墙壁上挂着很多照片，有一张是和企鹅的合影，可美了，有机会我也要去看看企鹅。世界大得很！"

赵姐说，她现在活得更自由、更有目标感了。

后来我搬家了，就再也没有见过赵姐。但我想，她现在应该还在为自己的幸福忙碌着吧。

人和人的缘分虽然短暂，影响却非常深远。每当我觉得焦虑和累的时候就会想起鲜活的赵姐，她给我带来很大的力量——偌大的北京，大家都一样，在努力地、自由地生活着，你的孤独，并不特殊。

随着年纪越来越大，身边不少"北漂"的朋友都逐渐选择了离开北京。是啊，离谱的房价，激烈的竞争，**这里的钢筋水泥太硬，普通人想在这里扎根实在艰难，所以大家"漂"着，在无数的不确定性中焦虑、挫败、不安，要么落地扎根，要么另寻他处。自愿的，被迫的。**

但好在这个城市足够大，大到人与人之间能够拉开足够的距离，每个人都可以按照自己的意志和姿态生活下去。它包容着千千万万个赵姐，也接纳着千千万万个你我。

我们承受着背井离乡的压力，也享受着那份难得的、争取来的自由。

我们千里迢迢，只想寻一处可以自由站立的地方。

来北京的这些年，我也有过无数个崩溃的时刻。有一次，因为一件小事儿而崩溃地在地铁口大哭，人们来来往往，却并没有议论纷纷。我很感激这份"冷漠"，这让我感到很放心。

作为一名写作者，北京也为我提供了源源不断的素材，我写看到的人、经历的事儿，写大城市的快乐与迷茫、冷酷与感动，记录普通人的喜怒哀乐，也捕捉闪闪发光的瞬间。每个普通人都是一本没有被翻开的书，如果有能力，我真想把在这里遇见的每个人都写进我的故事里。可人生的故事是书写不完的。

我越来越清楚，选择是"流动"的，20岁的选择不一定适合30岁。可能有一天，我强大到完全不在意任何人的议论和八卦，可以自由地支配我的人生，我也会选择回老家。又或许有一天，我爱上了别的城市，我也会跟北京说再见。

我们永远无法停止对远方的渴望。在变化发生之前，少点焦虑，好好珍惜在大城市里的奇遇吧！对人生的辽阔保持好奇，贪心地多见识一点吧！

关闭"朋友圈"后,我变得快乐多了

一次见面的彻夜畅谈胜过"朋友圈"中千百次的点赞。

文 / 少女心 001

前几天朋友邀请我参加她孩子的百日宴,我惊呼,原来宝宝都出生了啊!

朋友一脸嫌弃地说:"你没看我'朋友圈'报喜啊,我早'卸货'啦!"

"不好意思,我关闭'朋友圈'很久了……"

朋友惊讶地打开手机,这才发现,我最后一条动态竟然已经是前年的了。

"看吧,彼此彼此。你也没有很关注我了,好吧。"我佯装生气,朝她看了一眼。

朋友不好意思地笑了笑,问:"怎么回事儿?你怎么忍住不分享的啊？"

是啊，曾经我也是个分享欲爆棚，一天发五六条"朋友圈"的人。从"朋友圈"重度爱好者到关闭"朋友圈"，中间经历的心路历程，现在看起来仍然觉得很神奇。

最开始我是完全不熟悉"朋友圈"的功能，发布内容主打一个随心所欲。刚有微信的时候，好友基本都是QQ里一键邀请而来的。发布的内容也是随心所欲，有时候只是心情好了，就随便发个照片在"朋友圈"，或者哪天伤春悲秋了，也会在"朋友圈"发上大段"为赋新词强说愁"的小作文。回复评论更是毫不在意地回复给所有人，不在意谁可见、谁不可见之类的事儿。

现在回看，最初我"朋友圈"的内容都有些匪夷所思。后来慢慢地，随着微信加的好友越来越多，"朋友圈"里不仅仅只有朋友，好友之间不再有那么多的交集，我的"朋友圈"也告别了群聊模式，发展成为展示自己的生活、了解朋友近况的一种方式。

不知道从哪年开始，"朋友圈"流行"晒"：晒美食，晒旅行，晒娃，晒生活中有意思的瞬间。通过"朋友圈"，我能更密集地知道别人的动向，也对朋友们的生活有了一个个更清晰的画像。

大概是从2014年开始，我开始频繁地发"朋友圈"。那时候因为工作经常出差，新鲜事儿多，而且我的工作就是与社交媒体相关的，难免会分享生活中一些搞笑的日常，也喜欢关注朋友们的日常。除此之外，我也会发路上遇到的风景、看过的现场演出，分享自己的歌单等。

现在回看当时的"朋友圈"，觉得自己元气满满、傻乎乎、愣头愣脑，却很真诚，那个时候的"朋友圈"真的就是简单地分享生活，记录生活的点点滴滴。

但那个时候，可能也是对"朋友圈"十分依赖的阶段，每天大量的时间都倾注于此。我会关心谁和我互动了，谁给我点赞了，时不时就会忍不住打开"朋友圈"，看看是否有人互动。我虽然从中得到了快乐，但也因此耗费了许多精力。从单纯的分享变成了希望能够得到别人的认可，从点赞中获取一种虚无的认同感。

然后我就进入了患得患失的阶段。因为我喜欢发"朋友圈"，也很爱刷"朋友圈"，和朋友们互动，所以各种各样的评价自然就会产生。

大概 2017 年的时候，微信好友快到 5000 个了，那时候流行检测"被删除好友"。我也好奇试了一下，发现有几个我很珍视的中学同学把我删除了。当时的我很委屈也很惊讶，我仔细回想了下我们之间的交往，我并没有对他们说过什么过分的话，更没有做过对不起朋友的事儿，就这样被莫名其妙地删除，心中自然觉得愤愤不平。

后来我打听到了大概的原因：有的同学那两年时运不济，感情和生活都不顺心，打开"朋友圈"，总能看到我在晒吃喝玩乐，总能看到我分享演出视频，而自己身后是一地鸡毛，看后难免心中会有些不平衡，所以干脆就把我删掉了。还有的同学是认为我总分享是爱显摆，小家子气，一副没见过世面的样子，干脆删掉不看。居然还有个同学会因为文学喜好不同而删除我。当时，我在"朋友圈"总分享一位作家的文章，流露出崇拜之情，他正好不喜欢那个作家，觉得我们价值观不同，删除我颇有"道不同不相为谋"的意味。

总之"朋友圈"深深影响了我的社交生活，让不同的人对我有了不同的评判，而这种评判一度影响着我的心态。

起初，我会自我怀疑，反思自己，但后来又觉得，我发"朋友圈"本来就是为了自己开心；如果太在乎别人的看法，不能随心所欲，那活得也太累了，想发还是要发！

但那一阵子在发"朋友圈"之前，我总要斟酌再三：要不要分组啊,谁看了会真的理解啊,谁看了会觉得我很"装",谁看了会反感……把本来一件很简单的事儿搞得很复杂,思前想后,犹豫之间就把那个当下想发"朋友圈"的好心情消耗殆尽,所以我发"朋友圈"的次数越来越少。

就这样,我的"朋友圈"从一开始的美好生活记事簿,逐渐变成了充满人情世故的精神负担。

从 2020 年开始,因为身体之故,我的心情总是很差。那个时候,我已经不怎么发"朋友圈"了,也慢慢体会到,为什么曾经我的朋友会很反感我。

因为在我身心状态都很差的时候,刷到"朋友圈"一片歌舞升平,一片岁月静好,我也会有点失落,忍不住会对比自己的惨淡境况。所以那一年我关闭了"朋友圈",因为我知道自己是个定力差的人,我怕别人自在惬意的生活会让我更加自惭形秽,不利于自己的恢复。

关闭"朋友圈"一开始是因为在乎外界对自己的影响,时间长了,我不再依赖"朋友圈"的信息,反而真的对这件事儿彻底看淡了,发觉"朋友圈"关闭与否与我的生活关系不大,既不会让我烦恼,也不会让我有关注他人生活的欲望。毕竟"朋友圈"

展示的也只是大家希望别人看到的那一面，我了解到的，也只是他生活的一个侧面。我开始把关注的重心放在现实生活中的好友身上，关心对方生活中的喜怒哀乐。真正的朋友从来不是"朋友圈"中的点赞之交，我现在觉得，一次见面的彻夜畅谈胜过"朋友圈"中千百次的点赞。

不再关注"朋友圈"之后，我开始花更多的精力在自己身上。我开始学习养花，在阳台种了许多绿植，成了花卉市场的常客。我还和小区里的姐姐们一起参与救助流浪小动物，通过做志愿者活动，长了很多知识，也结识了一批真诚又朴实的好朋友。

当我把注意力都放在自己身上时，内心就有了足够的定力，自然能屏蔽大部分无用的信息。我不再过分关注他人的生活，也不担心他人怎样揣测我的生活，总之不愿意在人际关系上精神内耗。

一旦自己拎清了"朋友圈"对自己生活的影响，就不会再被它束缚，社交生活也不再局限在手机上，现在反而是生活里真实相处的朋友更让我体会到朋友间的包容和理解，也更能体会到分享的乐趣。

关闭"朋友圈"，不会影响真实生活中的快乐，反而会开启更丰富、更轻松的人生。

请给我一群"心大"的朋友

学习如何举重若轻,享受当下,不过分预设未来。

文 / 少女心 001

今年的春天尤其短暂,刮了几场大风,下了几场细雨,春天就匆匆退场。而五月也在我伤春悲秋的低落情绪中被这么浪费过去了。

这个春天没有做什么事情,忙着焦虑,忙着失眠,又开始在医生的指导下服用抗焦虑的药物了。作为一个天生很难放松和快乐的人,这个五月真不好过。

除了药物,唯一可以缓解我紧张情绪的就是我"心大"的朋友们。

因为他们总是很放松,似乎与焦虑这件事儿绝缘。不知道是不是我潜意识里努力在向这类朋友靠近，因为自己做不到，所以分外羡慕和想要接近这种带有松弛感的人，期待近朱者赤，取长补短。

举个例子，2018年的秋天，我和我的朋友小绿相约去台北旅行。整个台北之旅，简直就是我被"心大"的朋友震撼和教育的过程。

我和小绿都住在北京西南方向，打车到首都机场，不堵车的情况下需要半小时到四十分钟。我习惯提前三小时到机场。我不希望因我的个人习惯影响到别人的出行，所以当我到达机场后，买了咖啡休息了一阵，才小心翼翼地给小绿发了微信："我到机场了，你在路上了吧？"

半天没人回复。我想，可能她在出租车上没看手机吧。

咖啡也喝完了，手机还是静悄悄的，我终于忍不住给小绿打了电话，电话响了一阵才被接起。"啊，我现在就起床！"声音含混不清，可以想象此刻对面的她睡眼惺忪的样子。

看来闹钟是不管用的，射手座女孩接完电话才起床，并用十分钟从床上到小区门口打车，那时候距离值机截止的时间只有半小时了。

在出租车司机师傅疯狂抄近路的辅助下，小绿赶上了最后一分钟在柜台值机，乐呵呵地与我会合。我内心都快急死了，她依然不慌不忙，笑着说，多亏了我的电话，不然我都在台北吃午饭了，她可能还醒不了。

其实她不知道，我倒是很羡慕她这份迷糊。一个从来不会迟到的人一定将神经绷得很紧，忙着计算分分秒秒，忙着担心不要因为自己影响了大家。

像我这样的人，习惯预设很多不良的后果，如果赶不上飞机就会如何，会被后续可能的麻烦吓到，然后陷入焦虑、自责的境地。但其实，错过了又如何，改签下一班就好了，除了经济上有些损失以外，也许没有什么很严重的后果。

一切的恐惧和焦虑都来自我对未知的悲观预计。

喜欢预设有时候是防患于未然，有时候却是徒增烦恼。那些"心大"的朋友的存在，时刻提醒着我，不要总是紧绷着神经，生活不会因为你的一次失误就停摆，你总要学着放自己一马。

在今后的人生中，一定还有很多等待我们的事情，免不了要撞南墙、跌跟头，放轻松就好了。成长的关键是，你不再害怕这件事情。

接下来在台北的那几天,朋友小绿的陪伴帮我屏蔽了许多不必要的焦虑和紧张。

就像她的口头禅:"船到桥头自然直。"

或许是心态放松了,境遇也奇妙了起来。偌大的城市中,我们居然两度打到了同一个出租车师傅的车。师傅为人宽厚,我们索性预约了他的车送我们去机场。本来还担心回程交通的问题,没想到如此轻而易举地就解决了。

临回北京的前一晚,我们躺在民宿的院子里,夜色如墨,几颗星星点缀其中,耳边是秋虫的叫声,一切都美得不像话。

我用手肘碰了碰躺在一旁的小绿,忍不住问她:"你就没有特别难过,特别纠结,会为一件事儿烦恼的时候吗?"

她打了个哈欠:"当然有,不过我就是那种难过了、委屈了,就大哭一场,哭完就很快翻篇的人。不会压抑情绪,发泄以后就过去了。"

我感叹她的洒脱,转过头一看,她已经不动声色地睡着了……

这也是"心大"的朋友让我特别嫉妒的一项特长——秒睡。好像无论他们这一天经历了多么大的事儿,有多少还没有解决的问题,只要头沾到枕头,一切都会烟消云散,先睡一觉再说。

我调侃她有随时关机的能力，该睡觉了，就对一切无关的思绪强制关机。

在台北那几天，我睡得比平时都要好些，因为旁边有这样秒睡的朋友，习惯也会被传染，睡前自动清空杂七杂八的思绪，自然入睡都要快些。

我复盘了一下，我人生的大部分时间都浪费在了自我消耗中。一件心事儿想不通，最好的办法是放下不去想，每晚睡觉前，有仪式感地给自己的思绪也关机，不要去反复琢磨一件事儿，该睡觉的时候，就放空脑袋去睡觉。想不通的事情，明天醒来再说。

实际上，很多心事儿可能第二天早上醒来就忘了，能被迅速遗忘的事儿，也就没有思索的必要了。

有一种说法，如果你想事业有成，一定要结交职场上比你厉害的人。所谓见贤思齐，我是觉得如果你缺少什么，自然会想要靠近在那方面做得好的人。心态容易紧张的朋友，一定要多认识"心大"的朋友，多和他们相处。

前段时间，北京朝阳有个煎饼节。我有个朋友知道我宅在家里许久，就邀请我一起去逛逛市集吃吃煎饼，还早早帮我买好了票。虽然我内心很抗拒外出见人,可朋友抱着一定要拉我出来透透气的决心,硬把我拽了出来。

等我俩在市集门口碰面开始检票后,朋友突然想不起来在哪个平台买了票了。看着身后排队的人,我俩悻悻地退出来,站在太阳底下开始一个个翻手机上的购票 App,她还不忘调侃:"你要写'心大'的朋友一定要把这件事儿写进去,我是真的想不起来了,哈哈哈……实在不行咱们现场再买一次吧。"好在最后她终于翻出了二维码,我站在旁边,似乎也被她乐观的情绪影响,不再因为等待而烦躁,反而内心生出一丝羡慕,羡慕我这些迷迷糊糊,不往心里装事儿的朋友。

他们应该理解不了,像我这种一个爱紧张、爱焦虑的人,是肯定会提前一天准备好所有票据,查好路线,思考好一切突发可能性,比如堵车,比如入场排队久等。这样的我确实是朋友眼中靠谱的人,但这份靠谱有时候也让自己心累,很难有真正放松的时刻。

人的性格千差万别,性格中的某些成分确实也是天生的,很难去改变,也没必要人人都变得一样。但我还是希望,像我这种习惯把任何事情都往严重化、极端化考虑的人,能多往没心没肺、举重若轻那方面靠拢一些,和我"心大"的朋友们中和一下,做一个靠谱但松弛的人。

如果你也是凡事容易焦虑、容易严重化的人,一定要多结交一些心胸开阔的好朋友,多跟他们相处,你会发现面对同样的事儿,不同的人的处理方式差别太大了。观察这些不同,能让焦虑的我们学习心态平和,看开一点。学习如何举重若轻,享受当下,不过分预设未来。

人生嘛,偶尔打个盹也很重要。不要总是睁大眼睛、绷紧神经,疲劳驾驶很容易陷入危险哟。

"躺平"三年,人会变成什么样?

过好自己的生活,你可以有自己的步调,但别沉沦,别过度消耗自己,这才是对这个时而充满荒诞的世界最好的反抗。

文 / 保安007

在当年"佛系""躺平""摆烂"这类词还没出现时,我就已经"躺"下了,这一"躺"就是3年。这3年给我最大的感受,就是焦虑,那种无休无止的焦虑,就像黑洞一样不停地吞噬着我的躯壳和精神。

以前的公众号粉丝都知道这个账号一直都是3个人在运营,但由于我"躺"了太久,新的粉丝读者都不知道我的存在。这三年我朋友也和新读者一样,快忘记了我的存在。他们甚至在传言我早已"卸甲归田",回老家养老"采菊东篱下"了。

但其实这3年我哪里也没去,什么也没干。我告别了所有的社交,放下了所有的工作,甚至有一段时间和父母都没有联系,我几乎每天只做两样事儿——养狗和呼吸。真正实现了"躺平"。

2019年，我突然对身边的一切感到了厌恶，我厌恶写文章，厌恶社交，厌恶城市，厌恶工作。身体的不适最先反映出来：抗压能力骤降，一听到微信、电话都会恐慌，晚上会莫名其妙地呕吐，免疫力也直线下降，还得了个叫神经性皮炎的怪病，全身任何皮肤只要接触一点阳光就会糜烂起泡。身体和精神上的高压带来的是前所未有的恐慌，我第一时间想到的就是逃离，不是都说"逃避虽然可耻但有用"吗？那我就用最"不负责"的方式来换取安静，抛下所有人间蒸发。

第一年，我感觉如获新生，隔断了与外界的联系后，生活似乎重新回归平静，没有每天没完没了的工作应酬，没有了每月的KPI和工作总结，一日三餐也变得规律，只是躺着，什么都不做、什么都不想，没有任何人打扰我，生活节奏变得舒适了很多。少了工作的追赶，我开始沉迷打游戏，每晚打游戏到清晨，然后吃一顿饭，睡到下午醒来继续打游戏，周而复始。

这样的生活过了一段时间，我又厌倦了，变得越来越自闭，开始我还会去参加一些感兴趣的活动，偶尔踢踢足球，玩玩滑板，再来个短期旅行，努力让自己行动起来。但后来这些活动也让我提不起兴趣，甚至让我感到厌烦，我觉得干什么都不如宅在家里有意思。

离职后的生活消费也变少了。以前很爱臭美打扮，会关注一些时尚信息，热衷于买潮流的衣服鞋子，后来觉得这些都没有意义，网上淘来的两身衣服能穿一年，反正我也足不出户。我甚至还算过账，现在的存款按我这种"废物"活法，活到七老八十应该不成问题。

我越来越讨厌和人交流，人际交往让我觉得厌烦，脾气也变得易怒、孤僻起来，只有沉迷在虚拟世界里才能让我安心。

再后来，游戏也让我提不起兴趣了，每天晚上我都会感到空虚，那种落寞的空虚感让我恐慌，经常觉得自己再这么"躺"下去就彻底变成一个废物，跟不上社会的节奏了。也许这是人体机能的防御性措施，大脑开始出现焦虑的信号。我开始躺得不舒服了，焦虑情绪让我彻夜失眠。我焦虑我的身体，焦虑我家人的健康，焦虑我的人生。

有人会说，我焦虑是因为一直没有收入，担心自己的生存。也有人说我焦虑是因为年龄，刚刚30岁却活得像个废物，毫无生气。还有人会说,我焦虑就是因为在逃避,逃避现实。不得不承认这些因素都有,这些天我自己总结了一下,我觉得最让我焦虑的就是看不到活着的意义和希望。虽然人生本无意义,但是你不去赋予它点什么价值的话,就真的和死了没什么两样了。

把自己彻底流放后,我才明白"好好活"不是一个喊出来的口号,能做到这三个字的人,都选择了直面代价,迎上去,不管生活给到的是甜枣还是巴掌。

梁永安教授曾说过,生活有时候就是想停一停,没有什么逻辑,自自在在停下来就好。说不定就在这一瞬间,发现有理由的生存并不自由,不如就掉转车头,漫无目的地走一走。这样的时刻,也许是最真实自我的呈现,人生中缺乏的,正是这样的骤停。

停下了,也是为了更好地出发。

很少有人可以把人生真的过得顺风顺水,但一旦你真的选择随波逐流,意志力和信念感就会被消磨殆尽。我体验过,那样毫无生机的生命真的很不舒服,花草树木都会努力光合向下生根,我难道真的就耗费一生碌碌无为,等待生命尽头的停摆吗?层楼

终究误少年，自由早晚乱余生啊。

其实我很厌烦"内卷""躺平"这些词，它们太过简单粗暴，仿佛轻易地用两个字就概括了我们的生活方式，看似犀利，实则苍白。它们掩盖了背后的问题。

每个人都在用自己的方式努力生活着，用力活着，不是吗？

社会就像一个巨大的高速运转的机器，我们不过都是里面的一颗颗螺丝罢了，想要在这里运转，必然会有各种各样的螺母束缚着你。也许你现在是个被学业束缚的学子，也许你是个正在被家庭束缚的中青年，也许你是个被生活和儿女束缚的母亲……这些束缚是法则，当下的我们也许无力抗衡，但我希望你能在这些压力束缚中，依然存有那份看清生活真相后，依然热爱生活的英雄主义，远离那些把"内卷""不要'躺平'"这种话挂在嘴边的人。过好自己的生活，你可以有自己的步调，但别沉沦，别过度消耗自己，这才是对这个时而充满荒诞的世界最好的反抗。

就像日剧《悠长假期》中说的："就把它当作一次神赐的很长很长的休假吧，不需要总是尽全力冲刺的，人总有不顺的时候，或者疲倦的时候，不必勉强冲刺，不必紧张，不必努力加油，一切顺其自然。然后呢,然后大概就会好转。"然后呢,休息好了,就勇敢上路吧。

再重要的工作也不能耽误我种菜！

忙着低头捡六便士的同时，也别忘了抽空抬头看看月亮。

文 / 排版 002

  有一年多的时间，为了工作方便，我住到了公司附近。租的房子很小，小区附近也没有可以遛狗的公园，我的小狗的活动空间很受限，肉眼可见地不开心，身子越来越胖，眼神却越发忧郁。

  把工作当成第一考虑要素，却无形中影响了生活，工作也没有带来想象中的回报。我没做出什么满意的作品，也没有拿到什么项目奖金。这让我对自己失去了信心，经常会想，或许我就是很平庸的人吧，就别妄想做出什么能让人眼前一亮的作品了，正常把工作往前推进就行了。百分制的人生里，做到 60 分就行了。

  最可怕的是，生活完全被工作填满让我变得很疲惫。哪怕是下班时间，我也在琢磨方案是不是还有可以修改的地方。而且我也有很重的心理包袱，毕竟公司里的同事都比我年轻很多，我可不能拖后腿，让他们瞧不起。

本来"钱不多但离家近"是支撑我继续下去的唯一动力，可在很多次崩溃后，这种"阿Q精神"再也无法让我自欺欺人了。因为领导知道我住得近，经常让其他住得远的同事先回家，让我继续留下来加一会儿班。

不知道从什么时候起，我变成一个"累点"很低的人，没有精力去做工作以外的事情。每天过着公司和家两点一线的生活，没有什么业余的时间和爱好。算不上多么痛苦，但那种疲劳的、激不起一点浪花的生活仿佛设置好的固定程序，今天和明天没有区别，压抑的情绪无从排遣。14岁时想要拯救世界的我，现在光是想到拯救世界的第一步是要出门，就已经开始累了。

我放弃了所有娱乐活动，也很久没有接触新事物，借口都是：我没时间！

我也知道不抽时间来创造想要的生活，就要花大量时间来应付不想要的生活，但我在那种情况下，真的没有时间和精力去"改变世界，改变自己"，哪个打工人不是把下班后所有的时间和精力都花在修复工作带来的精神损耗之中呢？

我也会拿自己已经是个中年人当借口。23岁的侄女刚来北京工作时，拿到offer（录用通知）的第一天就兴高采烈地拉着我去吃饭庆祝，吃完还要去唱歌，在她拿着话筒在KTV纵情高歌时，我已经困得在包厢沉睡。

第二天，她倒是神采奕奕的，很早就化好全妆说要带我去喝咖啡，而我还瘫在床上，只觉得浑身酸痛，哪怕是喜欢的明星给我做咖啡，我也提不起精神去喝。

有一次来了个紧急项目，一周都要加班，我预估到抽不出精力照顾小狗，就把它送去朋友家，拜托她帮忙照顾。

一周后我去接小狗，看着它活蹦乱跳的样子，和之前简直"判若两狗"，我突然觉得有点对不起它：不能让小狗跟着我受苦！

于是我果断选择搬到顺义，住进了带院子的房子，哪怕离公司远一点。

但是我发现，"住得远，有生活"后，工作不再让我觉得疲惫。距离隔开的不单单是公司和家，也是工作和生活的分界。

原来我比小狗更需要院子。

转变从种菜开始发生。自从春天撒下一把生菜种子后，我对种菜的热情就一发不可收。下班回家后也不觉得累了，到家后简单收拾便直奔我的菜园子，检查我的月季宝宝有没有黄叶、柠檬树有没有挂果、番茄有没有长高、黄瓜有没有长第 6 片叶子、蓝莓有没有被小鸟偷吃。早起第一件事儿就是去看它们需不需要浇水，看天气预报会不会下雨，如果下雨的话，就会提前铺上防雨布。虽是劳作，却并不觉得辛苦。身体是在劳作，心情却在放松。

把很多时间都花在种菜上，自然就不会一直看着手机，是不是工作群又有消息啦，是不是老板发了"朋友圈"要去点赞啦，是不是领导催交方案啦，这些没必要的内耗也离我远远的。每天看看我种的菜，想象着自己是一株植物，站在大自然中，吸收阳光雨露，听虫鸣鸟叫。种菜让我重新找到了生活的乐趣。

种菜是一件能带来获得感的事情，让我从五谷不分到能熟练地使用各种工具，了解各种化肥的作用，掌握不同蔬菜瓜果的生长习性，知道番茄和罗勒是最好的伴生关系，两株辣椒苗一起种长得更快。看到自己一点点在进步，自然就减少了工作中带来的挫败感。我也从中慢慢体悟到：**其实问题不在于地方，而在于自己的心态。抽空把心拿出来，放到大自然里晒一晒。观察一株植物的生长比看手机重要，好好享受一顿美食的自由和言论自由一**

样重要，都是不能被剥夺的权利。

种菜还让我不着急立马看到一个结果。只要在合适的季节播种、控制住浇水的频率，适当加肥料，剩下的就交给时间和阳光，未来的某一天就会收获果实。工作也是一样，只有静下心来在一个又一个的项目中"深耕细作"，才能获得成长。

因为我把心放在了种菜上，种菜也回馈了我松弛且高效的工作状态。

有一天，北京突然有严重的沙尘暴，下班时领导说要开会，头脑风暴一下。如果是以前，我可能就默默抱起电脑走去会议室，但对菜园子的担忧，让我生出了拒绝的勇气。那可是我辛苦大半年的劳动成果啊。

我鼓起勇气找到领导，跟他商量："我要回去把新种的几盆番茄苗搬回室内，不然它们就活不了。而且前几次的头脑风暴让我意识到，我还是更合适自己一个人想创意，我保证明天会带着几个想法来找你。"

领导的反应倒是挺出乎我意料的，他只说了句："可以，那你赶紧回去。"原来大大方方说出自己的诉求这么简单，以前只是我提前给自己设下了太多的壁垒和障碍。

事实证明，回家种菜并没有耽误我的工作，还会有意想不到的奇效，创意出现在菜叶上的概率比工位上高很多。这也再次证明，有的加班开会是低效且浪费时间的。

从那以后，我更加坚定，干我们这行没有生活是不行的。我会积极地跟领导争取正常上下班，我要去生活，我要去种菜！再重要的工作也不能耽误我种菜！

老板会满足我的诉求，因为毕竟我完全没有影响工作进程，而我每次确实也能产出让他满意的方案。他给了我自由的空间，我也没有辜负他的信任。

其实我要说的，并不是每个人都要去种菜，而是要去发展自己的兴趣爱好，去尝试新事物，去拥有自己的生活。让工作和生活有一条明显的分界线，让工作成为积极生活体系的一部分。

同时，你也要勇敢向领导争取生活的时间，让他看到你这是为了更好地完成工作。毕竟大家都是出来打工的，你提高了生产力，对他才是最大的帮助。

忙着低头捡六便士的同时，也别忘了抽空抬头看看月亮。

Chapter 4
找到自己世界的节奏，不去追赶，只去到达

每个人在自己的时区里都有自己的节奏。
在你自己的时区里，
你没有迟到，也没有早退。

朋友们好像过得都比我好

允许别人比自己优秀，更多地关注自身的成长，才是幸福的奥义。

文 / 保安007

前一段时间参加了朋友的生日聚会，见到了好多许久未见的老友。

朋友A说他几个月前辞去了大厂的工作，和朋友一起办了一家创业公司，最近公司发展势头迅猛，已经顺利拿到第二轮融资了，虽然工作强度和在大厂没什么区别，甚至加班更多，但他每天都过得很开心，他说给自己打工和给老板打工就是不一样。

朋友B刚从国外度假回来，我每天都能在朋友圈里刷到他发的美食、美景。我寒暄地问他外面好玩吗，他兴致勃勃地给我看了手机里的视频和照片，津津有味地跟我分享着在外面的所见所闻，最后他还说自己萌生了移民的想法，已经着手准备了。

朋友 C 在和大家闲聊的时候分享了自己的理财经，他把自己的存款分成几份进行不同渠道的投资，30% 购买基金，40% 用于保守理财，10% 用于风险投资，20% 投资股票。通过这几年的运营操作实现了钱生钱的目标，即便面对去年投资市场不景气的大环境，也风险对冲掉大部分损失，他还着重强调了"不要把鸡蛋都放在一个篮子里"的观点。说完开始给我们推荐基金产品。

朋友 D 结束了自己 4 年的恋爱长跑，终于进入了婚姻殿堂，并且生了一个可爱的宝宝，她一直分享着自己婚后的幸福生活，并且打算明后年实施二胎计划。

反观我自己，无业赋闲在家几年，没什么固定收入，也没有足够的闲钱去投资理财。在家"躺"了 3 年多，最远一次旅行就是从通州到密云，更别说出国旅行了。感情也是一塌糊涂，总觉得自己还没准备好开始一段新的感情，甚至开始害怕接触新人。

聚会结束后，我忽然生出一种强烈的不安感。在和同龄人的竞赛中，大家都在赛道中全力奔跑，而我独自一个人被甩在身后。好像也并不是没有努力啊，只是好像无论怎么努力，都有人会过得比你好。

你是不是也经常会有我这种想法呢？持续将自己与他人比

较，特别是倾向于将别人的成功视为自己的失败，导致自我贬低和产生自卑感，从而给自己的生活带来了很多不必要的忧虑和焦虑；对比和不满情绪让自己的焦虑加剧，总担心自己不如他人或无法达到社会对成功的标准。忽视了自己的进步和生活节奏，时常感到不幸福。严重时甚至会产生嫉妒、敌意的想法："凭什么他／她能有这种生活？！凭什么他／她过得比我好这么多？！"

这种心理正常吗？我要告诉你的是，有这种想法也是正常的。

我们习惯于在与同龄人的比较中来找准自己的定位，在与他人的比较中建立起自我的评价体系，从而确认自己的价值所在。美国社会心理学家利昂·费斯廷格曾提出的"社会比较理论"中就说：人人都自觉或不自觉地想要了解自己的地位如何，自己的能力如何，自己的水平如何。而一个人只有在社会中，通过与他人进行比较，才能真正认识自己和他人；只有"在社会的脉络中进行比较"，才能认识到自己的价值和能力，对自己做出正确的评价。

下面我们从心理学的角度来分析产生这种心理的底层原因：

1. 自我评价与认可需求：人类有一种内在的需求，希望被他人认可和接受。当个体感到自己与他人存在差距时，可能会怀疑自己的价值和能力,从而产生比较和不满情绪。

2. 社会比较与参照群体:社会比较是人们用来评估自己的一种策略。我们倾向于将自己与身边的人或所谓"参照群体"进行比较,以确定自己的位置和价值。当感知到他人比自己过得更好时,可能会引发不满和焦虑。

3. 内隐的信念与期望:个体内部可能存在一些内隐的信念和期望,比如追求完美、成功或满足特定社会标准。当自己与这些期望产生差距时,可能会导致不满和焦虑。

4. 信息选择与过滤:个体倾向于选择性地关注那些与自己比较时更成功的人或情境,而忽视那些与自己比较时更差的方面。这种信息的选择和过滤可能导致对比的不平衡,进一步加剧不满情绪,甚至使人产生嫉妒的心理。

请大家记住,这只是一种感觉,感觉自己身边的朋友比自己过得好,这种感受是很常见的——就像我们闻到美食时会流口水,看到帅哥美女时会产生仰慕之情一样——并不代表你在所有方面都比朋友差。每个人的生活都有起伏和挑战,这些瞬间只是生活中的一小部分。与他人的比较并不总能真实地反映出你的价值和幸福。

人们倾向于通过社交媒体或面对面的互动来展示自己生活中的积极方面，这可能会导致一种错觉，认为别人的生活比自己更成功或更幸福。然而，这种感觉通常是主观的，因为我们无法完全了解他人的内心感受和真实的挑战。每个人的经历和成就都不同，每个人都会面临各自的困难和挑战。

当我们意识到自己过分关注这种感觉时该怎么调节呢？我建议你试试下面这些方法：

1. 尝试设定一下自己的个人目标：无所谓是什么目标，它可大可小——可以是一个月背10个单词，也可以是每周大扫除一次房间，甚至是每顿饭都吃两碗米饭。这个行为是为了培养你形成专注关注自己的成长和发展的心态。确保这些目标是合理可行的，并逐步努力实现它们，这样对提高个人满足感和自信心有很大帮助。

2. 限制自己社交媒体的使用频率：社交媒体永远是制造不满情绪和焦虑的最大凶手。避免总有"身边的朋友都过得比我好"这种想法产生，最有效的方式就是避免过度暴露自己和关注他人对"成功"的展示。当代人把自己的"成功"成果展示出来的最常见渠道就是社交媒体，限制自己对社交媒体的依赖和使用频率，会让你把注意力回归现实生活中，而不是虚拟世界。

3. 尝试记录一下生活：去试试拍一些生活vlog（视频日志），可以是照片、视频、音频、文字，任何形式都可以，你无须剪辑，无须有主题，只要把你觉得身边美好的东西记录下来就可以。每天睡觉之前回顾一下自己的记录，一段时间后你会发现你比自己更专注感激和珍惜自己拥有的东西。这种训练可以培养你的感激之心。每天花点时间回顾并记录下自己的成就、积极的经历和感激的事物，这种感激的实践可以帮助你转移注意力，培养积极的心态，将更多的关注和关怀放在自己身上。这非常有助于提升自己的幸福感和满足感。

当你不再觉得为什么自己总不如身边朋友过得好的时候，你会发现：

1. 你不再过度关注他人的成功，更好地专注于自己的个人成长和发展。你会有更多的精力和时间投入自己的技能提升、兴趣爱好和目标实现上。

2. 精神上的焦虑和不满情绪消失了，心态也更加平和积极。可以将注意力转移到自己的生活和幸福上，你更好地满足自己的需求和追求个人意义。你将更加关注自己的快乐和满足感，而不是与他人的比较。

3. 对建立社交关系也不再恐惧：没有了嫉妒或敌意，不再过于比较，你可以更好地与他人建立具有支持性、积极的社交关系，共同成长和互相支持。

和在不断地与他人比较的过程中寻找自我价值，从而陷入盲目且无休止的竞争中比起来，允许别人比自己优秀，更多地关注自身的成长，才是幸福的奥义。

总的来说，不再过度关注"身边的朋友都比我好"可以帮助你更好地关注自己的生活、成长和幸福。你要确信一点：你本来过得也不差！

我果然拥有了 20 岁时没有的东西

不再无意义地焦虑,做好当下该做的,时间会带我靠近理想中的自己。

文 / 排版 002

有一天我带着小狗在河边散步,看到河边有一些被砍下来的树枝,刚好可以给院子里新种的月季当爬藤用,我像捡到宝贝一样,欢欢喜喜地把树枝带回家。

回家路上,太阳照着我和小狗的影子,它在旁边一蹦一跳地追着树枝,快乐得一塌糊涂,那一刻我突然意识到,我好像真的拥有了 20 岁时想要的那种生活。

20 岁出头,我第一次在大城市租房,是跟一对情侣合租。他们有一猫一狗,每周末都会带狗狗出门社交。我很羡慕他们的生活,有爱人,有朋友,有猫猫狗狗,生活圆满。

那时候我是一个害羞的、不善表达的女孩,下班后就把自己锁在房间里,不敢参与他人的幸福。大多数时候,这对情侣会和自己的猫狗在客厅玩闹,即使刻意压低声音,也能听到,那是一种让人羡慕的幸福。但快乐是别人的,我什么也没有。

那时我没有朋友,也没有什么娱乐活动,整个人很封闭。有一天我打开房门,打算下楼溜达一圈,小猫小狗溜了进来,在我的房间里好奇地转来转去,这两个意外闯入的"天外来客"像是小精灵一般治愈了我。那一瞬间,我暗淡又逼仄的小房间突然洒满了阳光。

我当时就想:有一天我也要拥有自己的小猫小狗。

我现在有两猫一狗了。不管我几点下班回家,小狗都会摇着尾巴在门口迎接我。早上起床,看见它四脚朝天的睡姿,会莫名心安。小猫虽然大多数时候在冷眼旁观我,但我生病的时候,它们会默默躺在身边陪伴我,也会时不时挠一下我的毛衣、包包,提醒我它们的存在。

记不清它们陪伴我度过多少个难过的时刻了,但每次只要抱一抱它们,就感觉又活过来了。

我拥有了慢慢来的能力。

20岁的时候，常常为自己没有一技之长而感到焦虑。在走出大学的象牙塔后，我似乎更迷茫了，找不到自己热爱和擅长的事情，也没有很强的目标感，看着周围人似乎都目标明确，脚步坚定，而我却整天浑浑噩噩的，于是更加焦虑不安。刚毕业那阵儿，我干过旅游、金融、房地产、杂志出版、公关，最后误打误撞去了北京，进了广告公司。

我最怕HR问我工作规划是什么，我只知道什么样的公司氛围是我想要的，不知道什么样的未来是我想要的，不知道工作、人生的意义是什么。未来和梦想对我来说是镜花水月，看得到，够不着。

这些年也因为迷茫，不断尝试，不断碰壁，拍短视频，当读书博主，卖宠物产品，直播带货，每一次尝试都以惨淡收场。

30多岁又回到了广告行业，担心因为自己简历上几年的空窗期会被质疑工作能力，领导却对我说："你不在职场的这些经历，在我这里是加分项。"

我发现自己在工作上也越来越游刃有余，我表达的每一个观点，都是我过去的人生体验。

我现在不再为自己没有特长、没有目标感到恐慌了。不断地尝试、不断地试错，也许不能让我成为更好的人，但一定能让我成为更完整的人。人生不就是这样过来的吗？那些我未曾涉足的荒野，都是脱离既定轨道后，看到的不一样的风景和体验。我很感恩那些经历，它们塑造了今天的我。

我拥有了课题分离的能力。

20岁的时候，我总希望自己能帮助妈妈改变。在我眼中，她的婚姻是不幸的，帮她离开不幸的婚姻，找回除了家庭之外的生活，帮她重启自己的人生，是我所谓的"救赎"和"使命"。

她和父亲闹得最凶的时候，离家出走了半年。当时月薪只有5000多元的我，每个月拿出2000元支援她在老家租房子和生活，在上完一天班后听她抱怨自己的人生，斥责自己的丈夫，我还要鼓励她人生什么时候重新开始都不晚。但令我难过的是，她每次都会回归家庭，而我的精力慢慢被消耗殆尽，跟父亲的感情也越来越冷漠。

后来我不再试图插手他人的人生，即使是我最亲近的人。现在我把自己从妈妈的人生中抽离出来了，那是她自己的课题。

她的人生是她自己的选择,不需要我的参与,她想怎么样就怎么样,我只需要过好自己的人生就可以了。

我拥有了爱自己的能力。

20岁的时候,特别渴望被爱。恋爱时,对方晚回信息几分钟,都会让我怀疑自己在他心里的位置。看到朋友和别人出去玩,发的朋友圈看起来很快乐,就会觉得自己被抛弃了。会因为一次失恋,怀疑自己是不是哪里不够好,也会因为跟朋友疏远,反思是不是自己被讨厌了。

我想成为那个"一看就是被爱包围着长大的女孩子",让我知道我配得上所有的美好。

现在,我不把"肯定自己"这件事儿交给别人干了。我不再从他人眼中去找自己的定位了,也终于理解了王尔德那句"爱自己是终身浪漫的开始"的真正含义。有能力爱自己,才有余力爱他人。我是为了自己而活着,而不是为了被爱。我知道了,被爱是不可控的,爱自己是可控的。我要多做可控的事情,不去期待不可控的事情。要知道,爱与被爱都是众多情感关系中的一种,并不特殊。

前段时间看《自由在高处》，里面有句话说得很好："广场上，人挤人，你不知道方向在哪里，但如果你站得高一点，看得远一点，就会发现周遭的种种拥挤对你毫无意义。"三十几岁真是很好的年纪啊，我拥有了把时间拉长去看人生的能力。20岁时经历的是一段过程，30岁才能看到一定的结果；而对40岁来说，30岁又是另一个过程。我又有什么好着急的呢？

正如老话说的：三十年河东，三十年河西。不再无意义地焦虑，做好当下该做的，时间会带我靠近理想中的自己。

我也不再着急弄明白什么是人生的意义，或许，人生的意义就是去寻找人生的意义。

30 岁以后，人生有了些些变化

活在当下，认真度过每一天，岁月会平等地对待每个人。

文 / 少女心 001

"对三十岁以后的人来说，十年八年不过是指缝间的事儿，而对年轻人而言，三年五年就可以是一生一世。"

——张爱玲《十八春》

有人说年龄就是个数字而已，用年龄来找共性没有说服力。我承认生理年龄其实和心理年龄没有必然联系，但随着年龄的增长，一个人的心理和生活总会发生一些变化，那倒是一定的。

年过 30 好几年的我，想谈谈 30 岁以后，人生的变化。

（一）

我发现我 30 岁以后越来越像我妈！

这种"像"是全方位的，在生活习惯上尤甚。我以前总嫌弃我妈太爱干净，有点洁癖，凡是暴露在外面的电器几乎都要罩上一个防尘罩。

也就是去年吧，我突然发现自己也特别爱打扫房间了，见不得一点灰。鉴于北京实在是风沙大，我不仅热爱拖地、擦窗户，我还把空调、沙发、洗衣机、电视柜、鞋柜等等家用电器，都罩上了防尘罩或防尘布。

那天打扫完卫生，瘫坐在沙发上，看着满屋子的防尘罩，觉得眼前的场景和记忆中儿时的家出现重叠，我惊呆了，发现自己竟也变成了当初自己"嫌弃"的那种人。这种改变就是自然而然地发生了，我就是忽然爱上搞卫生了，对尘土也敏感起来，身上潜伏已久的"洁癖"DNA 突然启动……

除了爱干净之外，我也开始像妈妈一样学会精打细算地过日子了。

（二）

消费观念的改变。

可能很多人读到这儿，会吐槽一句："还不是因为穷！"

其实也不尽然，年轻时我更穷啊，可那时候花钱真的不太过脑子，有时候也刷信用卡，凡是喜欢的，即使生活费会吃紧也会咬牙买下来。

20岁的我，可能消费欲望更强烈，或者更抱着今朝有酒今朝醉的心情，更在意当下的愉悦，性价比在那时是个次要的问题。

而30岁后，我慢慢学会了理性消费。不需要的东西就不买，有时候逛街遇到很喜欢的潮玩或者盲盒，价格几百元以内，本来有买下的冲动，但是想到买回去肯定也是束之高阁，我就放弃了。

现在的我，也会去家附近很大的菜市场买菜，因为蔬菜比超市里的要新鲜，价格还更便宜。以前的我，可能根本不屑于逛菜市场，追求性价比在我眼里就是斤斤计较，不是年轻人的生活方式。可现在的我会觉得，这也是一种生活方式，能少花钱多办事儿挺好的，人生需要有一点烟火气。

虽然知道了理性消费，在消费喜好上却发生了一个好玩的变化。我和我身边的朋友，30岁以后都非常喜欢黄金饰品。什么钻石啊，珍珠啊，都不如黄金好。

在二十几岁的时候，我从心底里觉得黄金土气，宁可买铂金饰品也不买黄金饰品。可是30岁以后，黄金饰品忽然成了香饽饽，并且抢购黄金逐渐有年轻化的趋势，甚至"95后""00后"都已经开始关注金价了，生气了就给自己买个金豆成为新的潮流。

（三）

摆脱年龄焦虑和人际关系焦虑。

30岁以后，我好像有种时钟停摆的错觉。

年龄焦虑这件事儿，在结束"2字头"的岁月，从29岁迈进30岁的那个时刻会很明显。但是一旦真正过了30岁，就会不自觉地选择忽略年龄。

我问过身边年龄在30多岁的朋友，大家真的有一个共识，就是过了30岁以后，常常会忘记自己的年龄，有点迷糊。也许是主动选择忽视，也许是像张爱玲说的，时间过得太快。反正除了 HR 谁还会在意你是 32 岁还是 35 岁啊。

除了对年龄的选择性遗忘，对身边的人和事儿也都没有年轻时那么执着了。

工作上，虽然到处都在贩卖 35 岁焦虑，但对我而言，30 岁以后反而更不愿意妥协了。职场中的卑微和委屈我可能在 30 岁之前忍受了不少，苦也吃了不少，所以在 30 岁以后，在个人物质欲望低的情况下，我就不怎么忍了。

不管怎么给我画大饼还是苛责我，我真的"卷"不动，也不想"卷"了。

对友情也是，30 岁以后，不想取悦那么多人了。为了友情流泪只会出现在青春期，慢慢知道，**误解是人与人相处中的一种必然，误会能解开最好，没有机会的话，只能顺其自然了。**

30 岁以后，被几个相识于儿时，一起走过中学六年的同学删除了好友，虽然觉得莫名其妙，但也很快释然了。就像《被讨厌的勇气》中说的："活在害怕关系破裂的恐惧之中，那是为他人而活的一种不自由的生活方式。"只管做好自己，真正的朋友会主动来到你的身边。

之前看窦文涛的节目，听嘉宾说，人全身的细胞大约每 6—7

年就会更新一遍。**也许我们真的从内到外都变成了和当初完全不同的人，自然不适合再做朋友了。**

（四）

开始养生。

说了不那么在意的，30 岁以后也有变得很在意的，那便是身体——我开始养生了。

当年音乐节看演出的时候，我可是早早过去排队，站在观众区的第一排，紧挨着舞台的位置，可以很正常地蹦下来的。后来再去看演出，我就不往前挤了，变成了站在观众区最后，双手抱肩，偶尔随着节奏摇头晃脑一下，以示尊重。

除了心态上的变化，之所以站在后排，无他，就是挤不动、站不动了。我知道要量力而行，可能摇旗呐喊的热情真的携光阴渐渐远去了。

从去年开始，我会尽量早睡，睡前泡脚，保持规律作息。平时会喝一些花草茶，保温杯随身携带，菊花枸杞水通通预备上。饮食上，我也会注意定期吃粗粮，还戒掉了最爱的奶茶。

看起来，这样的日子似乎很无趣，可在坚持了一段时间，真的做到这方面的自律后，我觉得体验也挺不错的。也可能是身体里的某种DNA动了，越来越关注健康和养生了。

看过王小波的小说《黄金时代》的朋友一定记得书中的经典句子："那一天我二十一岁，在我一生的黄金时代。我有好多奢望，我想爱，想吃，还想在一瞬变成天上半明半暗的云。后来我才知道，生活就是个缓慢受锤的过程，人一天天老下去，奢望也一天天消逝，最后变得像挨了锤的牛一样。可是我过二十一岁生日时没有预见到这一点。我觉得自己会永远生猛下去，什么也锤不了我。"

20多岁时，我们生猛、热烈，觉得生活会一直这样下去，然而现实生活的捶打有时候是温水煮青蛙：身体会衰老，精力会下降。看似不痛不痒，却针针见血，拳拳到肉。

当然我也有永远年轻、永远不知疲倦的朋友，但无论在什么年纪，保持自律，注重健康都是没错的。

（五）

表达倦怠。

最后还想到一点，30岁以后呢，表达欲没有20岁时强烈了。很多时候不想说话，刷微博点赞比发表观点多。以前我很爱发朋友圈的，最近几年发得越来越少，也许是生活平淡，也许是真的不愿意表达了。那些每天出现在生活日常中看似不痛不痒的事情，似乎不再适合被挑拣出来分享——自己都觉得那是不是有无病呻吟的嫌疑。

所以，我会羡慕一直有旺盛分享欲和表达欲的人，这也是年轻的一个特征吧。

在没有表达欲的时候还要写文章，无非是因为有人记挂。简单分享一些30岁以后的心得，希望喜欢看我们文章的朋友，能在30岁还没到来的时候，对30岁可能带来的改变有个小小的心理演习。

有人说，30岁后，是青春之外的故事。但30岁也是人生新阶段的开始，是转弯。**30岁一定要怎样吗？一定要和20岁时区**

分开来吗？好像也不必。活在当下，认真度过每一天，岁月会平等地对待每个人。既然无法避免，那就尽兴一点。

博尔赫斯在《短歌》中说，"人生岁月不哀戚，还有梦境与黎明"。在接受生活捶打的过程中，"刚强壮胆，往最好处努力"，也不失是一种对时间的反抗吧。

与其补短板，不如让长板更长

在错误的环境里只会不断内耗自己，金子也要在对的地方才发光。

文 / 排版 002

一段 2 年的职场经历，我深刻地明白了一个道理：30 岁以后花太多时间和精力去补短板，只会给自己带来无穷的焦虑。

那时候公司调整岗位职责，要求我们每个人都要具备更全面的能力，能独立比稿拿下项目，能独立提进项目的执行。总之，最好是一个人能干几个人的活儿，一个人活成一支队伍。

上班十几年，不管是在广告公司，还是做自媒体，我擅长的都是文案。这个岗位不需要在上班期间和其他人打交道，对 MBTI 人格是 I 的我来说还算干得得心应手。

慢慢地，公司对你的要求越来越高：你不能仅仅只是一个文案，最好能够把自己修炼成六边形战士。要去面对客户，和客户开会；要采访嘉宾，和嘉宾的团队沟通；要和上百人的执行团队沟通。总之，"只会埋头写文案，就不能给公司创造太多价值"。

你不仅要会做事儿，你还要会管理……

职场不允许我只做自己喜欢或者擅长的事儿，不跳出舒适区变成六边形战士就是没有上进心。变得"全面"才符合领导对你的期待。

一开始，我还很努力地想要证明自己。提案能力不足，我就刷演讲视频，提升演技技巧，四处请教朋友怎么做提案成功率更高。每一次提案我都写逐字稿，反复演练，祈祷提案过程中客户不会因为乏味而玩手机。策划的能力不足，我就反复研究行业优秀案例，了解作品背后的战略意图。看各种营销书，写各种空洞漂亮的套话，变成没有感情的PPT（幻灯片）输出机器。做视频的能力不足，我就补拍摄、剪辑、后期方面的知识，看大量电影，记录摄影风格、转场镜头，不断提升画面表达能力以及自身的审美。

那段时间我的好胜心上来了,学习热情比上学的时候还旺盛,不自觉地"卷"起来了，觉得这是一个很好的锻炼自己的机会，仿佛不久之后我就能实现质的蜕变，出则能在谈判桌上舌战群儒、挥斥方遒，和甲方谈笑风生；入则能熟练运用各种办公软件，化身"六边形"职场狂人，能帮领导解决任何问题。

但不管什么技能都需要长期的累积，我怎么可能在短期内就从 60 分变成 90 分呢？在经历了几个项目的比稿失败后，我开始否定自己。每天都被脑海里的声音折磨："领导是不是对我很失望？我是不是能力真的不行？"

更让人绝望的是，不管我再怎么补自己的短板，我也不可能比学电影十年的同事、比有过十年策划经验的同事做得更好。就像《强风吹拂》里说的，以为只靠努力就能无所不能，这是一种傲慢。

有一天跟朋友聊我的职场困惑，她不理解我为什么不去能发挥自己特长的公司，而是这么折磨自己。

我笑了笑，当初选择去这家公司，一是因为商业视频是趋势，二是想拓展自己的可能性，挑战一下自己，三是确实想学点新东西。

她一句话点醒了我：20 岁可以试错、学习，毕竟年轻时也不知道自己的优势在哪里，30 岁就要看清自己擅长什么了，要找准发力点。再把时间浪费在短板上，就是自讨苦吃了。

我才发现，把注意力放在自己的短板上，反而让我疏忽了长板的精进，越来越找不到自信。特别是有一个项目的文案改了几十遍客户都不满意后，我开始怀疑自己的文案能力，开始怀疑自己到底适不适合这份工作。

一开始进这家公司的时候，HR问我擅长什么，我还能底气十足地说："我擅长写文案。"后来谈升职加薪时，HR再问我同样的问题，我却犹豫了：怎么努力了那么久，却让自己的长板也变短了？原来懈怠太久，老天真的会把天赋收走。

也正是因为把时间都花在所谓提升自己的职场短板上，很长一段时间都没有写公众号的文章，写作能力迅速滑坡，经常对着打开的文档，写了删，删了写，半天写不出一篇满意的文章。那种挫败感真的很令人难过。

补短板真是一件内耗、效率低、很不划算的事情。我为什么要按照岗位职责去塑造自己，让自己变成一个标准化的工具人呢？为什么要把目光全放在短板上，却对自己的长板视而不见呢？

后来我换了一家公司，我只需要做擅长的事情就能把工作做得很出色，我也意识到我的核心竞争力是写作，是洞察、发掘选题的能力，我应该在这个方向上把自己的长板变得更长。我也能明显感觉到我能专业地解决任何问题，并且轻易就获得了领导和同事的尊重。我的提案、策划、视频能力虽然仍旧是 60 分，但已经完全够用，它们是我的额外能力，而不是天赋技能。

重要的是，我接受了自己的局限性，我就是没办法让自己变得全能，就像打游戏，我也只是擅长打射手，而不是每个英雄都能上手。

学会接纳自己后，我不再纠结于那些自己还没有获得的东西，而是着眼于自己已经拥有的，提升自己能够改变的，放下超出自己能力范围内的执念，生活真的简单了很多。

每个人的时间和精力都是有限的，工作上的短板可以通过团队协作解决。如果一个公司不提倡分工合作，而要求你一个人活成一支队伍，那是公司的问题，不是你的问题。

在错误的环境里只会不断内耗自己，金子也要在对的地方才发光。

对短板，我跟任正非有一样的态度："我的短板，去你的，我不管了。我只把我这块板做长，再去拼别人的长板，拼起来不就是一个高桶了吗？为什么要把自己变成一个完美的人呢？"

一个简单的道理,我却走了两年的弯路才搞明白。接纳自己的不完美,接受现实,即使现实与你期望的并不一致,也不妨碍你成为某个方面很棒的人,不是吗?

强硬起来，让自己更高效地工作

一个在职场上态度强硬、敢于争取的人，反而更容易赢得尊重。

文 / 排版 002

活了三十几年了，朋友对我的评价多是"温柔"。

但也是活到第 33 年，我才意识到，"温柔"那一面不适合用在职场。倒不是说"温柔"的人会因为脾气好就容易被欺负，只是我发现，相对"强势"一点，"有攻击性"一点，有利于更专业、更高效地把工作做好。

原来，职场真的能改变一个人的性格，让原本披着温柔外衣但有点逃避人格的我，变得强硬。

最明显的一个改变是，曾经把"忍一时风平浪静，退一步海阔天空"作为行为规范的我，不再怕事儿了。

曾经参与过一个项目，因为同事的疏忽，嘉宾的利益受损，嘉宾疯狂地在群里质问，还放狠话处理不好就用法律维护自己的利益。同事有点慌，问我怎么办。这件事儿不归我管，责任也不在我。但如果是以前，我可能会因为所谓"仗义"直接帮他，最后傻傻地背锅。

但现在，我会先拉着他一起去找领导，说明情况，明确职责："这是他的工作失误，我可以协助沟通，尝试找找解决方式，但如果事情失控，所有的结果都是他来负责。"

要是以前，我也会害怕嘉宾会不会把事情闹大，导致局面失控，害怕我会丢饭碗。但现在，我反而没有那么惧怕这件事情。

当然，在积极解决问题的态度下，事情最后和平地解决了。

自从不怕事后，就没有解决不了的事儿。逃避不如正面刚。我也变得敢吵架了，对一个害怕与人发生冲突的 INFP（调停者型人格），这真是高敏感人群进化史上的一大进步。

在创意行业，经常会收到来自四面八方的反馈意见，以前我都会照单全收，一来我懒得和别人争论，二来我觉得这样我就不用对创意结果负责，反而心理负担没那么重。

但这样的工作态度，只会让底线越来越低，收到越来越多离谱的反馈和需求,从而导致自己陷入"工作没意思"的消极情绪中。

有一次我们拍摄一个宠物视频,前期在推进创意、脚本的时候客户已经有诸多不合理的需求,我都尽可能满足,问题是已经拍摄完了,后期剪辑的时候客户提出要加几个宠物产品镜头。这当然是天方夜谭,我们不可能凭空变出没有拍过的镜头!

面对这种无理的要求,我终于爆发了。我直接找到对接人,态度鲜明地表示这个要求基本上不可能实现,但对方依旧态度强硬,见状我不再和他平心静气地讲道理,而是直接和他大吵一架。虽然是甲方,但其要求明显违背了合同规定,不可能想一出是一出。客户自知理亏,也没说什么,后面我们的沟通反而变得更顺畅。**有时候你态度强硬了,反而更能快速找到解决问题的方法,获得双方都满意的结果。**

慢慢地我发现,合理专业地表达,是对自己专业的捍卫。而且根据我的观察,当一个人在同事的口中的关键词是"爱吵架""不好惹""经常发疯",大家在跟他合作时反而会更加重视与之合作的态度,不会随便对待他。

一个在职场上态度强硬、敢于争取的人,反而更容易赢得尊重。我变得敢替自己争取利益了。

之前遇到过一个领导，他总是把好的项目都分给他看重的同事，到我手里的都是烂项目。要是以前，我可能就忍了，并且会自省，是不是我向上管理做得不够好，是不是我能力还不够。但现在，我会冷静下来分析自己在这个项目中的优势和强项，形成完整的计划书，把自己做的项目和同事的做个对比分析，然后去敲大老板的门，直接跟他表明诉求：要么给我换岗，要么给我公平。

一个正常的老板，都会欣赏主动替自己争取利益、机会的员工，在他的协调下，我的诉求得到了满足。

我也不会在意什么"越级汇报"会不会把跟领导的关系搞砸——他都侵犯到我的合法利益了，我还在意什么关系。

如果协调不成功，我就会选择换一个公司。上班吃的苦已经够我受的了，不能再让自己吃亏。

我最喜欢自己的一个变化是，我不怕"丢脸"了。原来每次开创意会，我都是说话最少的那位。我担心自己的创意不好，领导质疑我的能力，我担心自己陷入自嗨模式，同事笑话。我更担心我在口若悬河时，同事觉得我在出风头。

好不容易说完了，又反复回想，是不是哪句话没有说好。总之,就是太在意别人的评价。

有一段时间,《被讨厌的勇气》这本书突然在各大平台和朋友圈火了起来,几乎人手一本,到处都能刷到书里的语录。我很少看畅销书,但这个书名太戳中我了,一直以来企图让身边的人都喜欢的我缺乏的正是被讨厌的勇气。

书里有一段话,"对方如何看待你,那是对方的课题。擅自背负别人的课题,只会让自己感到痛苦",就像一辆垃圾清运车,把我脑海里因为过于在意别人的评价而产生的垃圾情绪清走了!

后来,我变得很喜欢开创意会,我不害怕展现自己的个性,我在"胡说八道"中越来越放开自己,创意氛围变得更轻松,同事间也变得更信任。彼此放下防备,做真正发自内心喜欢的东西。强硬起来,是把生活和工作的重心更多地放在自己身上,有时,对方不会因为你的礼貌退让而善待你,他们反而将其作为绑架你的软肋。过度的善良在对方眼里会变成软弱,强硬起来,尝试为自己披上铠甲。

我还挺庆幸自己选择重返职场的,我感觉到自己正在变成专业的职场人。我也可以用自己的切实经历总结出一个在职场上不

内耗的方法:

　　强硬起来,让自己更高效地工作。

为什么倒霉的总是我？

能够让自己摆脱悲伤的情绪，内在稳定且丰富的人，"运气"永远都不会太差。

文 / 保安007

有一段时间我经常把"为什么倒霉的总是我？"挂在嘴边。

那段时间我因为压力大，导致整个人情绪很低落，连我的"磁场"都不太正常了，流年不利，水逆缠身。每天早晨醒来的时候就会有种不祥的预感，仿佛倒霉的魔咒一直围绕着我。在床上翻了个身，却意外地将手机碰落到地板上，屏幕瞬间破裂成一张蜘蛛网。起床后，准备去厨房泡杯咖啡解乏，但咖啡机似乎也加入了坏运气的行列，一阵轰隆后竟然啪嗒啪嗒地冒烟了，咖啡倒是泡好了，一口尝下去却是苦不堪言，那味道简直比自己的命运还要苦，果然人倒霉了连喝凉水都塞牙缝。

踩着上班点急匆匆出门，却发现附近的共享单车一辆都没有了，打车又不舍得花钱，只能顶着冬天的寒风小跑了几千米。好不容易到了地铁站，又发现自己的地铁卡忘记带了，火急火燎去买票，结果还是误了上班时间，得不偿失。

我本以为糟糕的事情应该结束了，然而出地铁后路上还被一只鸽子"热情"地欢迎——被鸟屎砸头的小概率事件也被我碰上了。抵达办公室后，发现电脑也出现了问题，文件打不开、网络连接不稳定，这让我有种上演"绝望主播"的冲动。

到了午饭时间，我抱着试试运气的心态去食堂，结果碰到了食堂特别的"幸运"时刻——排队等了半小时，刚轮到我点菜，菜却被卖光了，只能狼吞虎咽几口面包度日。

下午开会时，单位领导对我提出了一堆不合理的要求，我望着老板一张一合不停说着什么的嘴巴，心里的火气一股脑全涌了上来。心里默念了三遍"莫生气"后，才平复了心情。

晚上回家的路上，天空突然又下起了小雪，我已经尽量小心翼翼地在湿滑的路面小步前行了，但最后在一个台阶附近我还是摔了一跤，那一刻我万念俱灰，心想："这个世界的幸运难道是守恒的吗？那到底是谁正在享受幸运？凭什么所有倒霉的事儿一股脑地奔向我？"

大家应该都有过类似的时刻吧，在某一段时间里好像掉入了人生的低谷，坏运气如影随形，无论做什么都不对劲。在那个泥淖里，无论怎么挣扎，似乎都无法挣脱。

社会心理学家理查德·怀斯曼博士曾提出过一个观点：一个人的"能量磁场"会对他的运气产生影响，"能量磁场"越强的人，越有可能成为生活中的"幸运儿"，因为他们经常会遇到一些"奇妙"的巧合。好比自己需要帮助，刚好有能帮自己的人。又或者是参加陌生派对，很有可能发现自己和眼前的陌生人，其实有共同的"熟人"，彼此很容易打成一片。

为了研究为什么会有这样的情况发生，理查德·怀斯曼做了一系列实验。其中有一个经典的"捡钱案例"——

他招募了一批受试者，让他们评估自己属于运气好的人还是运气差的人，随后让两组人分别去咖啡馆买咖啡。具体测试要求如下：

受试者去街上一个特定的咖啡店里买一杯咖啡来喝。而在此之前，研究人员已经将一些钱丢在了测试者的必经之路上，并且又特意安排了一名商人坐在咖啡店里。

这时候，认为自己运气好的人几乎都能够捡到钱，而且还能在等待咖啡的空当,和商人愉快地闲聊几句。而另一些认为自己运气不太好的人,几乎没有人看到地上的钱,更没有人和那位商人搭讪,也不会和任何人进行攀谈。

通过测试,理查德博士发现:认为自己运气好的人,对外界更敏感,所以容易捡到钱,也愿意与陌生人交流。而认为自己运气不好的人,往往比较紧张、焦虑、神经质,摆在眼前的机会,也很容易溜走。因此,怀斯曼认为,具有某些特定人格特征的人会比较幸运。幸运的人"能量磁场"强大,总能认识很多人,他人通过各种搭线才能建起来的连接,他们总能不费吹灰之力拥有。

其实理查德博士所说的"能量磁场"并不是什么玄学的东西。朗达·拜恩在《力量》一书中写道:"每个人身边都有一个磁场环绕,无论你在何处,磁场都跟着你,而你的磁场也吸引着磁场相同的人和事儿。"

一个正能量的人,他自身的能量会带动万事万物变得有秩序和美好,但如果一个人充满了负能量,会让周围磁场变得紊乱糟糕。他们所指的"能量磁场",我大致概括了一下,包括:

1. 情绪能量:指个体情绪的能量状态。积极的情绪如喜悦、爱、满足等，通常被认为具有积极的精神能量。而消极的情绪如愤怒、焦虑、沮丧等，则可能会消耗精神能量。

2. 心态能量：指个体对事物的态度和观念。拥有积极的心态，对挑战持乐观态度，相信自己能够克服困难，通常被认为具有积极的精神能量。

3. 内心能量：指个体内在的力量和韧性。这包括自尊、自信、自律、自爱等，是在面对生活中的挑战时支持个体坚持和成长的力量。

4. 社交能量：指个体与他人相处时的能量状态。积极的社交能量意味着与他人的交往积极愉快，能够建立良好的人际关系，而消极的社交能量可能导致疏远和冲突。

之前在网上看到这样一个话题：为什么有些人和任何人都能聊到一起，在哪里都很受欢迎？

当时的"高赞"回答是这样说的："说明那个人的情商和认知远超于一般人，这才能令很多人觉得舒服，感觉彼此投缘。"

的确如此。"能量"很强的人，时常会带给人们一种如沐春风的感觉，在他们面前不会拘谨，什么话题都能引起他们的兴趣，两个人很容易聊到一起。而产生这种结果的原因，其实便在于他们的内在丰富，什么话题都能说，什么内容都感兴趣，自然容易拉近彼此的距离。他们善于"造浪"，也能及时捕捉浪潮的方向，感知正向的力量，而这些能量是能够感染他人的。

卡耐基在《人性的弱点》中讲到过一则故事：他在聚会时，遇到一位植物学家，自己不是很懂植物学，即便如此，也很快同对方成了朋友，两个人畅谈一晚。聊天结束后，这位植物学家给卡耐基的评价是——"非常能给人启发""遇见过的最有趣、最健谈的人"。

为什么卡耐基明明不懂植物学，却还是能获得如此高的评价？

答案很简单，因为他虽然不懂，却很感兴趣，无论对方谈到异国他乡的植物，还是创造新品种的实验，卡耐基都很感兴趣。"好奇心"其实是人际交往中非常重要的一个催化剂，好奇引起探索，从而在进一步的沟通中，拓宽人与人的边界。

很多人以为，所谓内在丰富，是指一个人已有的知识储备量很大，知识渊博才能做到，但其实内在丰富是个多维度的指标：

1. 内心深沉：他们对自己的情感和思想有着深入的认知，能够与自己的内心进行对话，不轻易受外界影响而改变。

2. 情感丰富：他们能够体会并表达各种情感，不仅能感受到自己的情感，还能理解他人的情感。

3. 求知欲强：他们通常对各种不同的主题都有一定了解，好奇心强，喜欢学习和探索新的知识。

4. 内核稳定：他们不依赖外在物质或他人的认可来获得满足感，内心满足，能够从内心感受到快乐和满足。

5. 深刻思考：他们对事物有着深入的思考，能够从多个角度审视问题，并寻求更深层次的理解。

综上所述，如果你想变成一个"幸运"的人，不妨试试：保持良好的心态，用平常心看待一切，包容一切；培养自己良好的直觉，所做的一切事情听从自己的直觉；最重要的一点，你需要有一个稳定的精神内核，你要懂得自我安慰、自我满足，在面对困境时，能够让自己摆脱悲伤的情绪，内在稳定且丰富的人，"运气"永远都不会太差。

学着在无序的生活中安放自己的内心，维持自我的秩序，或许是在之后的人生中，我需要终身修炼的课题。

Chapter 5
将自己的感受置顶，
活在自己喜欢的状态里

把自己还给自己，把别人还给别人，
让花成花，让树成树。
做好自己，才有余力爱别人。

表达"不舒服"后，我舒服了

适当表达不满，有时候恰恰是解决问题的第一步。

文 / 排版 002

亲密关系的一大课题，是如何处理日常琐事带来的心累和内耗。

由于目睹了太多女性因为常年操持家务、安排生活而情绪失控，我在家务的问题上特别在意"公平承担责任"，严格坚守界限，所以在同居之前，我就和男友约法三章，一人做饭另一人就洗碗，一人喂小狗另一人就喂小猫，一人洗床单另一人就铺床单，轮流分担家务。

但我慢慢发现，他会以各种我想象不到的方式划水、偷懒，家务面前，他终于暴露出"诡计多端"的一面。

就说洗碗这件事儿吧。第一次我发现他只是洗了我放在洗碗槽里的碗，灶台上用过的炒锅、电饭锅、蒸锅、菜板和刀这些丝毫没动。我以为他洗碗洗到一半有要紧的事情忙去了，加上着急做午饭，就没跟他计较，只是吃饭的时候提了一嘴，毕竟家和万事兴嘛。慢慢地我发现，喊他洗碗越来越费劲，白天的碗到了晚上还是脏兮兮的，而且当你喊他洗碗的时候，他又一副工作很忙很疲惫的样子，有气无力地说着"明天就洗"，转头又瘫在沙发上。哪知第二天，他故技重施，还是只洗了洗碗槽里的碗。

这让我很不舒服，我知道如果我再让步，他就会更心安理得地偷懒，委屈的只有我而已。我把要出门去上班的他拦下，告诉他不把其他厨具刷干净今天不准出这个门。

想到他对待工作极其认真，事无巨细，我更生气了。我质问他："是不是要我把洗碗说成洗水槽里的碗和用过的炒锅、电饭锅、蒸锅、烤盘、菜板、菜刀，你才听得懂？

"一个人不完成自己的工作，会给另一个人造成很大的困扰，这个道理当初还是你教我的呢。

"你今天不把这些碗洗了，你就花钱请个保洁来洗。"

…………

我跟妈妈吐槽这件事儿，她觉得没什么："男人都是这样的嘛，眼里没活。你看你爸爸，这辈子就没干过几次家务。我早就放弃了，让他干，他也干不好。有那个工夫跟他置气，还不如早点把活干完。"

父母那一辈的生活理念中，家务似乎与生俱来地独属于家庭中的女性角色。但女生也不是天然地为家务而生，没有理由用爱与责任将两个人捆绑在一起，却将责任的承受者倾向一个人。

我不能确定嘴上说没事儿的妈妈，在生病时看到家里水槽的碗堆成山却无人问津，都在等着她病好了洗的时候，会不会觉得不舒服。或许年轻的时候他们也为此争吵过，但时间慢慢消磨掉所有的耐心，换来的是一遍遍安慰自己的"退一步海阔天空"，然后默默把委屈吞咽，再以过来人的经验对女儿说："男的都是这样的嘛。"

像是一个无解的闭环。

我可不吃这一套。

从前我也是十指不沾阳春水的小公主啊，谁天生就会做好家务的？洗碗难道比写 PPT 还难啊？还是你在职场上叱咤风云，多洗几个碗耽误你赚一个亿啊？

家务的背后，其实是推卸和慢待。

这些鸡毛蒜皮的小事儿堆积多了,不及时清理,难免影响情绪和感情。就像一颗不定时炸弹,随时等待着那个引爆的导火索。

照顾家里两猫一狗的过程,也常常让我感到生气。

我们现在都是给小狗自制熟食,正常的流程应该是把肉和蔬菜按照一定的比例放在锅里,煮熟了再给它吃。过程不复杂,用心就可以。但即便如此,他还是没办法认真完成,被我臭骂一顿。

其实一开始商量着要养宠物的时候我们是犹豫的,他有鼻炎,担心床单、枕头套被它们弄脏了,他会很不舒服,特别是冬天的时候。但一想到每天醒来就能看见两只小猫躺在身边,那种感觉应该挺幸福的吧。几番思量之后,我们觉得,只要勤打扫,问题不大,于是决定养。后来他提出,我能不能把半个月换一次床单变成一周换一次。想到半年来几乎都是我换床单,我忍不住撑他:"你别抱怨,你可以现在就起来换床单啊,你可以叫我和你一起换床单啊。"他听完后叹了口气,把枕头翻了一个面,转身继续睡。

后来跟身边的女性朋友聊起这个话题,我才知道,原来大家的男朋友都或多或少表现出这种家务上的懒惰，仿佛在他们的出厂设定中，家务这一选项忘记了输入程序。

但我们都没有选择忍受，或直接或间接地表达出自己的诉求与不满，斗智斗勇，绝不让自己吃亏。

有一位自己独居时有严重洁癖的朋友，洗完澡绝不允许洗手间有一根头发。在同居后，她宁可看着家里不干净，也不把家务活全揽上身，一定要叫上对方一起打扫。家务本就没有谁应该做，谁帮谁做，因为它不是谁的义务，而是共同分担的责任。

多年来维护亲密关系的经验也告诉我：心里有什么不舒服，一定要提出来。千万别忍着，也千万别惯着。不表达的话，坏情绪就会变成身体里的肌瘤、结节，还容易得肠易激综合征，得不偿失！

事实证明，我的坚持也有了效果，男朋友并没有因为我表达了不满而引发更多的矛盾，反而越来越认真地履行他的职责，还主动看见了那些"隐形"的家务——日用品在消耗完之前会及时补货，扔完垃圾会马上换上垃圾袋，洗手台上的水渍会擦干，厨房台面再也没有油渍，等等。我能明显地感觉到家里的负能量被清除了，有了相同的生活理念、价值观、目标，这样的亲密关系也更健康。

有一位心理学家说过："付出本应是一件有爱的事儿，付出得多更是值得对方感恩的。但前提是，这种付出既要纯粹，又能保有自我。"

话一定要说出口，对方才能感受到；情绪只有抒发出来，才能找到问题的突破口。适当表达不满，有时候恰恰是解决问题的第一步。

从日常琐事开始，把自己的感受放在第一位，才能最大限度地照顾自己的情绪。

你没有必要向一切都道歉

准确地表达比一味地道歉更能得到对方的理解和尊重。

文 / 保安 007

几年前我发现自己有个习惯：我总是习惯性地说"对不起"这三个字。

在小错误或无伤大雅的情况下我也会忍不住道歉，甚至是不管错误方是谁，即便是错在对方，我也会条件反射般先道歉。"对不起"三个字几乎成了口头禅，有时候搞得对方也很不明所以。

比如在拥挤的电梯里，我的胳膊只是轻轻地触碰到了对方，我也会很不好意思地说"对不起"；在地铁上，本来是对方不小心踩到了我的脚，而我却会下意识地低下头先连声说"对不起"；更有甚者，一次在办公室，同事路过我的工位时一不小心碰倒了我的水杯，把我的工位弄得狼藉一片，我居然先说了声"抱歉"，然后才开始慌乱地收拾自己的工位，等反应过来我愣住了，抬头就看到同事一脸不可思议地看着我，仿佛在看一个外星生物；写邮件或者发正式信息时，如果不用"很抱歉""打扰您""很不好意思"为开头，我居然无法正常地书写沟通。

"抱歉""对不起""不好意思"几乎成了一种下意识的反应，如果你有和我一样的经历，那么你大概率是患上了一种叫"过度致歉"的心理疾病，这种表现并不能说明你为人谦虚，相反，这是一种很不健康的心理状态。适度道歉是谦卑，过度道歉则暴露了你的自卑。我给这种心理状态起了个名字："道歉癖"。

我最早是在之前的一段亲密关系中发现了自己有这种习惯。我和当时的女友因为一些小矛盾闹了别扭，由于错误方是在我，所以我一直心怀愧疚。虽然我当时已经主动承认错误，但是仍不放心，不确定她是否真正原谅了我，之后的我无论是逛街、吃饭、看电影，甚至晚上睡前都会把这件事儿重新提出来以表示我的歉意。女友一开始还觉得我态度不错，明确表示因为我的态度已经彻底原谅我了，但是我还是难以释怀，仍会觉得过意不去，连续三四天过不去这个坎。最后把她逼得临近崩溃说："这么点事儿你为什么一直挂在嘴边，并且还把自己搞得这么卑微？你是想让我觉得自己也有错误吗？我到底要说什么做什么你才能不提了？"那一刻我突然意识到，我这种状态不但不会得到对方真正的谅解，反而会把身边的人逼疯。你以为的礼貌行为，其实有时候反而会带给他人负担。

那么是什么导致我们总是在道歉呢？

1. 阿尔弗雷德·阿德勒的研究表明，人类绝大部分的心理问题都源自我们的童年时期。

原生家庭的教育把懂礼貌、有错就要道歉的观念作为最重要的一课，而我们的社会普遍认同善良就是可爱。过度道歉可能是人们想要表达尊重的结果。然而，当我们过分重视他人的意见和反映时，就会出现问题。但"知错就改"和"知错道歉"是两码事儿，很容易混淆。积习难改，更为不幸的是，过度的恭敬会慢慢地侵蚀我们。

2. 过度道歉并不是在寻求解决问题的方法，反而是一种逃避机制。

部分人有着强烈的迁就心态，总是习惯先让步并道歉，而非理性判断是非对错。这类人觉得只要先道歉了就意味着主动承担了责任，这样做可以让矛盾与冲突快速消失，万事都用息事宁人的态度处理，但是这种方式根本不管到底谁才真正该为错误负责，看上去是在承担责任，其实是一种变相的逃避。这种习惯性的逃避很容易让我们失去自我认知和判断。贪图省事儿，到头来却带来更多的问题。

在这个世界上任何事物都会出错，人类会犯错，机器也会出错，我们没有必要为一切行为抱歉。

如果你有相同的心理状态会产生哪些负面影响呢？

1. 过度道歉会对你的职业生涯产生负面影响。

这种状态会让人觉得你缺乏自信和判断力，不够稳重可靠，这会对你的职业形象和发展产生负面影响。在工作场合频频道歉，会让上级和同事觉得你技不如人，也会让同事觉得你是"老好人"，难以胜任重要工作，这无疑会影响你的晋升和前途。

2. 过度道歉会让你的亲密关系紧张。

在亲密关系中，过度道歉会让对方觉得你很没有主见，像是在迁就对方。两人的关系似乎也难以建立在平等与互相尊重的基础上。而且，道歉过多也会让人觉得其实你并不真诚，这会对感情产生消极影响，破坏关系的稳定。

3. 过度道歉会摧毁你的自我认识，侵蚀你的意志。

频繁地道歉会让人觉得自己似乎总有错，需要依靠别人的宽恕。这会使自己丧失自信和自我肯定，意志也变得软弱，依赖他人。长此以往，人的独立意识和个性特质都会受到侵蚀。

所以，过度道歉不但无法达到其预期的目的，反而会给个人的成长与发展、人际关系带来隐患，也会让你陷入无限的自我怀疑与焦虑当中。道歉的本质其实是一种另类的妥协，道歉的行为并不能解决实际问题，而不分情况、不分立场地无差别道歉则更是自卑心理的体现。总是更在意他人的情绪反馈，主动出让你是非判断的权利，那你很容易就动摇了，任由他人牵动你的情绪，久而久之更会让你的是非观摇摇欲坠，直至其土崩瓦解。

改变过度道歉习惯的过程，实质上是一条自我提升的道路。在这个过程中，人要学会接纳自己的优点与缺陷，建立对自己和他人的合理期待。理解道歉真正的意义，才能真正拥有稳定、独立而又睿智的心性。这需要长期的自我反思与锻炼，但收获也同样巨大。

要改变道歉癖，并非一蹴而就，我们需要通过不断地自我调整与锻炼来实现。这需要培养自信与判断力，理解体贴的恰当度，破除惯性思维，避免迁就心态的影响。同时也需要理解道歉的真正意义，看清其恰当的使用场景，而不是一味地以"道歉"来迁就他人或掩饰自己的不足。准确地表达比一味地道歉更能得到对方的理解和尊重。

要改变过度道歉的习惯，就要多考虑自己的需要而不是过分迁就他人。同时，也要学会合理看待错误与过失，明确道歉的恰当场合，避免那些出于习惯或敷衍而产生的无谓道歉。

唯有知足和自信，人才能建立稳定的情绪。唯有培养自信，增强判断力，避免过分迁就他人，人才能在社会中立足，在感情中获得幸福。这是一个长期自我提高与改变的过程，但结果定会让人获得心灵的平和与成长。

任何关系，都要好好道别

人的感情也是有限的，要及时清理内存，避免持续内耗。

文 / 排版 002

如果说我今年的人生经历带来的最大感悟，那就是友谊也要好好道别。

有一位曾经很要好的朋友，她离开北京后我们就甚少联系，前几天才从其他朋友那里得知她生孩子了。原本亲密到连约会细节都会第一时间与我们分享的朋友，已经陌生到我连她啥时候结的婚都不知道。原来我们互相错过了彼此生命中那么多重要的时刻，想想还挺令人难过的。

看到她结婚，我打心眼里替她感到开心，因为她说过她的人生目标就是在 30 岁前结婚、生小孩，当幼儿园里最酷的辣妈。但我也忍不住失落——她完成了人生理想，我却走出了她的人生。

虽然这些年也习惯了和各种各样的人渐行渐远，但不声不响就消失了的友谊还是很让人难过。没有结束，没有告别，只是偶尔回头看的时候才发现，原来我们不知道什么时候开始渐行渐远了。

原来有些告别，连再见都没有机会说出口。

比起年少时别人稍微对我好一点我就掏心掏肺，成年后我对朋友的筛选机制更加严格，因此对交到的朋友也会更加珍惜。

她是我为数不多的能够掏心掏肺的朋友之一，是一个顶一万个泛泛之交的人。刚来北京的时候，我们互相加油打气，一起走过了许多的风风雨雨。

得意时我们愿意为了对方一掷千金，她失恋我承担费用陪她出国旅行散心，我生日她买包送给我当生日礼物；跌落谷底时我们靠对方的陪伴续命，连着吃半年的方便面，两年没有买过一件新衣服。最艰难的日子里，是她一直陪在我身边。

好几次我想打退堂鼓，不想在北京打拼了，她会对我说："你要相信，不管发生什么事儿我都会托着你，不让你倒下。"

她让我知道，好朋友就是无论顺境还是逆境，都能给你托底的人。人生艰难的时候，这种无条件支持对方的友谊更让我觉得自己受到了上天的眷顾。

简媜的那句"战役的成果未必留给我们，但我们联手打过漂亮的仗"很适合用来形容我们这段友谊。

她因为在职场上总是得罪人而反思，我说大可不必，我很欣赏你与人为敌的勇气。我因为被老板说内向而垂头丧气，她鼓励我，高敏感的性格是一件好事儿，有成为作家的潜质。

我觉得自己的情绪太过稳定，不会有太多的表情，我想成为那种喜怒哀乐很明显的会撒娇的女生，她劝我没必要成为那样的人，没有人能得到所有人的喜欢，能做好自己也很不错。

那时候真的觉得我们是互相成就的好搭档，只要牵着手就什么坎都能跨过去。

手机相册里的昔年今日，都是我们曾经熠熠生辉的回忆。

而今回想起来，却又带着一份微不可察的叹息。回忆结成了蛛丝，总想回头去寻找友谊消失的线索与痕迹，又理不出头绪。

仔细回想了一下，我们的友谊消失是有迹可循的，只是当时的我们若无其事地装作看不见罢了。

比如，她是在拿到了上海的 offer 并且已经租好房子以后才跟我说她要离开北京。这很符合她的性格，事情百分百确定了才会对外宣告。

但于我而言却觉得太突然了；如果她早点告诉我，也许我还有一个缓冲的接受过程。而且这让我觉得我很不被重视，这么重要的事情，不应该提前跟我说吗？但是我没说什么，当时的我觉得，我只是被排序在后面的不重要的人罢了。

又比如，她交了一个我觉得人品不怎么好的男朋友。有好几次她深夜痛哭跟我控诉男友恋爱中过分的行为，我都义愤填膺地站在她那边帮她骂"渣男"，帮她分析大局、权衡利弊，结果第二天他们就和好如初了。她男友还让她少接近我，说我煽风点火。她去上海也是和男友一起去的，临行前才通知我，这让我觉得很受伤。

这些事情无可避免地让我们之间的友谊有了裂痕，但我一向不愿与朋友起冲突，为了维持关系，我选择视而不见。

打那以后，平时只剩下在微信上有一搭没一搭地聊天，这时我能明显地觉得对方的心不在焉。再到后来，我们也成了"朋友圈"的点赞之交和部分人可见的交情。

女孩子之间的友谊真的很微妙，会突然好得像一个人，也会突然断了联系。我们曾经是伙伴，是战友，是惺惺相惜的挚友。只是后来，甚至没来得及正式告个别，大家就匆匆各奔东西。

得知她生小孩后，我主动给她发去祝福的信息，并且想认真地给我们的友谊一个交代，于是跟她说了我心里这么多年掩藏的芥蒂。

庆幸的是，我们的坦诚让彼此都意识到了浮在表层问题下的深层问题。她说我对她始终保持着疏离，而且对其他人跟对她没什么不同，让她无法接受这种不被偏爱的关系。特别是我跟她讨厌的人也和和气气的，还能一起逛街吃饭，这让她觉得很失望。"不能一起同仇敌忾还算什么好朋友？"

她觉得我过于理想化，过于沉浸在自己的世界里。只会爱远方的人，不会爱具体的人。我们合租的时候，很多生活上的事情都是她在打理，我从来没有过问过水电费在哪里缴，只会给她生活费，让她觉得很累。她还觉得我因为脸皮薄错失了很多机会，一直不走出自己的舒适区，而且也从来不听她的劝告，让她觉得好心没好报。

原来我们都有很多时刻让彼此不痛快，只是没有挑明。日积月累，心中的隔阂越来越深，最终彼此都没能跨过去。

同时她也坦诚，她羡慕我找到了喜欢的事业，羡慕我虽然一直在走弯路但始终走在对的路上，羡慕我记忆力差到从来不会记仇。

而我羡慕她能在众人面前侃侃而谈毫不怯场，也羡慕她能勇敢地表达自己渴望爱情，而我是一个只敢在内心上演 180 出大戏的胆小鬼。

说着说着，我们反而回到了以前敞开心扉的时候，肆无忌惮地把这场坦白局变成了一场小型的吐槽大会。说出来，我们的关系反而更近了一步。

或许之前只是出于美化回忆的目的看到了一面，女生之间的友谊，确实如《我的天才女友》中所写的那样，伴随着追赶、羡慕、互相嫉妒、暗暗较劲的过程。

虽然我们不可能回到从前了，但把问题说开了，相当于我和这段关系好好道别了，心里释怀了很多。人的感情也是有限的，要及时清理内存，避免持续内耗。长大后的我们都明白，在人生的旅途中，每个人都只能陪你走一段路，你要允许别人中途离场，但无论哪一段关系，分别时都要好好道个别。

说一个"不"字,到底有多难?

我们可以选择做一个善良的人,但不是所有人都值得我们伸出手。

文 / 保安 007

生活中很多人面对他人的请求不会说"不"。三毛说,不要害怕拒绝他人,如果自己的理由出于正当。当一个人开口提出要求的时候,他的心里早就预备好了两种答案,所以,给他任何一个其中的答案,都是意料中的。

但对很多人来说,拒绝他人是一件难以启齿的事情。比如我,尽管心里并不认可或者不能接受,但是面对他人的请求,还是很难开口拒绝。我对拒绝后可能会面对的不和谐局面感到尴尬和不舒服,所以干脆硬着头皮答应下来。归根结底,这也是一种逃避型人格的处世方式。

人与人之间的关系,最难处理的莫过于一个"不"字。或者是本着以和为贵不想起冲突，或者本就是性格里的软弱、怯懦占据了上风。

当亲戚向我借钱时，我很难直接拒绝。当我的好朋友让我下载个软件帮他"砍一刀"商品价格时，我想不出什么合适的理由不帮忙。当同事让我帮他在"朋友圈"集赞时，我觉得举手之劳没必要说"不"。甚至当我被陌生人插队的时候，我也会因担心引起冲突而不敢对他说"不"。

但就是因为我当时没有决绝地拒绝他们，反而引来了更多不必要的麻烦。

慢慢地在他们眼中，我的付出变成了一种理所当然。借钱的亲戚越借越多，并从未归还，而我又不好意思催债，终于到了忍无可忍的地步，他们却反过来用亲情道德绑架我，我最后反而里外不是人。好朋友尝到了砍价的甜头，贪恋和欲望被划开口子后，人就会变得无休止，每天都来要求我砍各种商品，经常是上班忙得焦头烂额的时候忽然收到一条链接，甚至还让我去推荐给身边更多的新用户，这样他的优惠力度会更大。凡此种种，已经对我的生活构成了困扰。帮忙点赞的同事更可怕，我们之前的聊天对话框全是链接，而我碍于工作有交集又不能拉黑他，现在只要看到他给我发消息我就会条件反射地烦躁。而插队的那位，我是没有说什么，但是我后边的人却急了，最后拉扯着我一块进入一场骂战，本来是想避免冲突，最后反而引起了一场更大的冲突。

在这人与人之间翻滚不息的情感旋涡里，"不"这个字眼被涂上了一层隐形的禁忌色彩。人们宁愿用各种委婉的辞藻包装自己，也要避免这个似乎过于简单粗暴的字眼。可一连串委婉的假做欢愉，实则暗自郁闷，一层层包装下去，不仅让简单的交流变得异常复杂，人与人之间的距离也在一点一点变远。每天周旋在这些人情世故中，我早已疲惫不堪。

为什么说一个"不"字这么难呢？我分析自身，感觉可能有以下几方面的原因：

1. 害怕失去好感。许多人担心说"不"会让别人觉得自己不友善或难以相处，导致失去对方的好感与欣赏。这种担忧会使人在面对不合理要求时也难以果断拒绝。

2. 担忧关系紧张。部分人担心拒绝别人的要求或表达不同看法会让两人的关系变得紧张或生分。所以为了维持和谐，选择回避直接说"不"。

3. 缺乏自信。缺乏自信的人会觉得拒绝别人显得过于强硬，不够温和体贴，所以难以拒绝对方的要求。这使他们在表达不同意见时往往显得踌躇不决。

4. 迁就心理。有的人有着极强的迁就心理和取悦欲，所以习惯默认"好的"，而很难主动表达反对意见或拒绝对方。这成了他们人际交往的一大障碍。

5. 害怕得罪人。部分人过于在意与他人的关系，担心拒绝别人会让对方觉得不被重视或得罪对方，所以在许多情况下故意回避直接说"不"的机会。

6. 缺乏判断力。有的人对人际要求和事件的合理性判断能力较差，所以即使面对不合理的要求或做法，也会先反思是不是自身的问题，难以拒绝，这使他们常常默认迁就别人。

学会拒绝别人是人生重要的一课。拒绝别人不仅是一种态度，更是一种能力。掌握这种能力，你的人生可以变得更主动，更从容。

拒绝别人，这需要你有一副硬骨头和一口硬气，需要你不断练习去拒绝别人，明确自己的价值观，坚持自己的决定和判断。你拒绝别人，并不代表你讨厌对方，你只是在捍卫自己的界线与尊严。你可以选择委婉地表达，但态度要坚定。拒绝后的歉意可以化解尴尬，但决定不轻易改变。

其实,"不"字用得其所,也可以是一件挺和蔼可亲的事儿。它的直白可以避免许多无谓误解,它的强硬可以让人际关系变得清晰易懂。只不过,它要求人们在表达此字前做足功课,要考虑令人更容易接受的措辞,要理解人情世故里的微妙平衡,要学会在不同场合下把握分寸。

一个字,能导致人生变得如此奇妙而复杂多变,也难怪许多人会觉得,简单的"不",似乎就是人生最难的一课。要学好这一课,需要时间,需要体会,需要不断实践。尽管大大方方地提出你的要求,对不想去做的事情也勇敢说"不",与其小心翼翼地做个老好人,不如大大方方地做好自己。

我允许朋友让我失望

人无完人,大家都有缺点,既然选择成为朋友,就要能够接受对方偶尔让自己失望。

文 / 排版 002

也许是在友谊里经历了太多的失望,越长大越会觉得维持友谊是一件很累的事儿,会消耗很多能量。

一个男性友人跟我说,最近他的哥们做了一件让他心寒的事儿。他们一起去踢球,他跟一个队友起了冲突,对方一直咄咄逼人,最后两人打起来了,他在乱斗中寻找哥们的身影,看见他只是远远地站在人群后面。

后来还是别的球友一起劝架将他们劝停了,事后哥们拿着毛巾走到他身边,两人沉默不语。

"那一刻其实是有点难受的。"朋友当时跟我说。

我愤愤不平:"他怎么这样啊?你对他多好啊!他刚来北

京的时候没钱还在你那儿借住了一年多呢！平时看你们挺好的啊，果然是要出事儿了才能检验友情啊！"我下意识地为朋友打抱不平。

朋友在愤怒、狂躁、伤心等一系列复杂情绪中度过了几天。后来他跟我说了后续，原来他哥们小时候被校园霸凌过，所以很害怕打架。

"那天我的脚就像被无数只手往深渊里拽，我只能眼睁睁看着你跟人撕扯成一片。我真的……不想做其中一只伸出去的手。对不起。"他的哥们后来跟他说明了原委，眼神中带着愧疚和难过。

朋友说他能理解，这件事儿带来的隔阂算是消除了，两人的关系又回到了从前。

不过这件事儿也让我开始从另一个角度去反思自己：我是不是对友情太苛刻了，很多朋友只要做了一件让我失望的事儿，我就不自觉地疏远她/他，把她/他从好朋友的席位里剔除。

我甚至没有去了解事件背后的"真相"是什么，没有给朋友任何解释的机会。是否真的是我太以自我为中心了？友情里能不能容得下一些瑕疵呢？

我以前有个很要好的闺密，我们从初中开始就形影不离，大学毕业后我去了北京，她留在家乡。一开始距离并没有影响我们的友谊，我们还是每天有说不完的话，互相倾诉着秘密，诉说着彼此在不同城市的生活见闻。那时候的我们觉得，距离不算什么，只要感情没变，天南海北也不过是一抬脚的事儿。但是有一次，我去看五月天的演唱会，因为我们都很喜欢五月天，我就很想给她个惊喜，事先没有跟她说，而是在现场等阿信唱她最喜欢的歌的时候，打电话给她听，我设想她会感动得落泪，我们一起欢呼尖叫，就像曾经的每一次聚会。但电话那头没有我期待中的反应，朋友听了不到 30 秒，就说她有急事儿，匆匆挂了电话。

我对这件事儿一直耿耿于怀，一种自己的真心并没有被对方认真对待的失落感萦绕着我，为了让她听得清楚，我还特意攒钱买的内场的位置！

从那以后我就对她很冷淡，慢慢地我们也变成普通朋友了。后来有一次她说想在生日的时候来北京找我玩，我条件反射地找了理由搪塞，说刚好那段时间公司要去国外团建，日期撞上了不能陪她。

可能她也清楚成年人的世界里，没有痛快答应，就是拒绝吧，大家便默契地没有再提这件事儿。

我现在想想，也许她那时候真的有急事儿呢，可能是正在跟男友吵架吵得不可开交，可能是在跟客户开很要紧的会议……但我只感觉她挂了我电话让我觉得委屈。

还有很多相似的经历，我都归咎于"女生的友谊就是那么脆弱啊！"

但很多时候，我们或许只是做了让自己感动的事儿，却妄图从别人的反馈中获得一种满足感。

有一次我带男友跟一个朋友吃饭，虽然和这个朋友认识不算太久，但是还算合得来。用餐时大家聊得也很开心，结束后她却跟我说："我觉得那个男生配不上你，我给你介绍另外一个吧！银行上班的，工资高，人也好，比较适合你。"还给我看了那个男生的照片！我当时心里是抗拒的，后来我就没怎么跟她来往了。但说实话，除了这件事儿，我觉得跟她挺玩得来的，我们有很多相同的兴趣爱好，也能互相接得住梗。要不是这次的事儿让我太反感，我相信我们会成为很好的朋友。

有一次，我跟朋友坐地铁，我刷淘宝看见一件很好看的裙子，我就分享给她看，她说："太俗气，你品位怎么那么差！"她平时讲话就很直，我也没怎么在意，就先把裙子扔进"购物车"。但是过了几天我们再见面时，她竟然穿着我之前想要买的那条裙子，若无其事地跟我开心地打招呼。我瞬间像是吃了什么坏东西，心情也跟着不好了。

之前看《围城》里面写道："忠厚老实人的恶毒，像饭里的砂砾或者出骨鱼片里未净的刺，会给人一种不期待的伤痛。"钱老诚不欺我啊！虽然对方的行为不至于"恶"，但的确让人很反感。

另外一个朋友的所作所为就真的过分了点。春节我回老家，便问她是否方便帮我照看一下我的猫，一星期去两次看看那种。一开始她不是很乐意，借口说离得远，她也没有照顾猫的经验。不过后来看到我实在找不到别人了，也就同意了。其实要做的事情并不多，就只是帮忙铲一下猫砂，以及给猫开个罐头。她能答应我心里还是很感激的，想着回来好好感谢她。

等年假回来后，一进家门，看着满屋狼藉，遍地的垃圾，房间里还散发着一股久未通风的难闻气味。询问后我才知道过年期间她一次也没来过，她的解释是，过年忙，给忘了，语气中甚至没有一丝抱歉。幸好猫咪没有什么大碍，但是对她答应了我的事儿却并没有做到，我还是感到很愤怒。失信于人是人际交往中的大忌，后来我再也没有跟她来往了。

仔细回想起来，还真的发生了很多让我觉得失望的事情，而这些事儿都让我无法再用以往一样的热情去面对她们。都说君子之交淡如水，而那些我无法忍受的行为就像是水中掺入了杂质，让我有种友情被玷污的感觉。

可能年轻的时候觉得朋友多，所以不在乎少一个吧。但是现在身边的朋友越来越少，我才开始反思是不是我处理的方法不对。

大家都不是圣人，没有谁每一件事儿的表现都是符合你的预期的，你应该允许你的朋友犯几次错，做几件让你失望的事儿。之所以会失望，还是因为我们对对方有太多的期待和要求，总是希望对方完全符合自己的期待，却忘了人无完人，大家都有缺点，既然选择成为朋友，就要能够接受对方偶尔让自己失望。

情侣间发生再严重的争吵都有机会重归于好，为什么朋友就不行呢？似乎有点不公平。

而且很多事情都不是你表面看到的那样，我相信任何一个被你曾经盖章为"好朋友"的人,都不会无缘无故让你失望,肯定有隐情。

现在我与朋友相处,变得大方很多,不用放大镜去看很多事情,宽容地去接纳一些"失望",这样就能有效减少人际关系带来的情绪内耗。

成熟的标志有很多,允许朋友让自己失望,就是其中一个吧。

以后一直是好朋友啦！

不要因为是同事就保持着戒备，否则我们会失去很多获得真朋友的机会。

文 / 排版 002

重返职场的时候，我很紧张，向朋友请教：

"现在的职场氛围怎么样啊？有没有什么要叮嘱我的？"

朋友说："收起你那想和同事当朋友的心，把同事当成陌生人，这样才能减少内耗。"

要不要和同事做朋友，是很多职场人都需要面对的一个话题。我们大部分的时间是在职场上，和同事打交道也成了一堂必须学习的课。

和同事保持距离；不要和同事说真心话，小心对方在背后捅你刀子，不要试图跟同事建立生活上的联系，不要交浅言深……说起和同事相处的注意事项，每个人都能列出一百条，每一条背后都能对应上一个让你恨得牙痒痒的张三李四。

但我还是不想因此就放弃了交朋友的机会,毕竟交朋友看的是真心,是品行,而不是一个身份。职场的确能让人见识到社交的多样性,但也不能一刀切,把所有同事都当成假想敌吧?

我不是理想主义,也不是天真,而是因为毕业以后,我所交往的好朋友,几乎都是从同事开始的,哪怕离职后大家身在不同城市了,依旧不会断了联系,关系还是很亲密。职场作为生活的重要场所,也是必不可少的社交场合,大家抬头不见低头见,很容易在社交中发现彼此相同的爱好和目标,其实更容易交到志同道合的朋友。虽然大家并不是抱着交朋友的目的去上班的,但在工作中若能幸运地遇到能互相支持、互相欣赏的朋友,那简直是上班的意外收获。

心理学有个概念叫"自证预言",大意是说你选择相信什么,就会实现什么。果不其然,这两年我也在职场交到了不少志同道合的新朋友。

认识沙沙的时候,我正处在人生的"至暗时刻"。那段时间我遭受了30多年以来最多的否定,在职场非常不自信,处处碰壁,如履薄冰。那时我刚进公司,一个人艰难地推进一个项目,领导让她来支援我。沙沙对当时孤立无援的我来说简直是救星。我对平白无故增加了她的工作量表示抱歉,经常在工作推进不下去的时候抱怨:"好难啊,以前的经验都用不上。"

沙沙却从来没有表现出一丝的不耐烦,反而不断地安慰和鼓励我:"我觉得你以前的经验很厉害,只是你脱离职场久了,对工作有点生疏而已。没关系,我们一起做。"

一个人在沙漠中行走的时候,你会万分感激给你递哪怕一滴水的人。

从那之后,我们的关系突飞猛进。我们会相约在下雨天去听爵士乐,闲暇时去买漂亮衣服,去咖啡馆看书,去河边发呆。过年过节时她还邀请我去家里吃她妈妈包的饺子。

我会跟她说我的困惑,而她总是能给我恰到好处的肯定。比如我总觉得自己想的创意太简单,那么容易就想到,别人肯定也想到了。她却总会鼓励我:"那是你多年的积累形成的判断力,不是任何人都能轻易想到的。你要大胆地说出你的想法。"

每一次我在工作上一筹莫展时向她求救,她也总能给我专业的、清晰的指引。职场上遇到能给你真心建议的同事,真的比中彩票还要难得。

当然这种肯定和鼓励是相互的。她热爱音乐，对摇滚乐、爵士乐都有很深的研究，一直想出版一本音乐领域的书，我鼓励她去做，给她分享我多年做自媒体的经验，我相信以她的能力和才华，一定会达成所愿。

人和人之间的磁场就是那么奇妙，有的人看第一眼就知道她是你想深交的朋友。她离职的时候，我们发出一致的感叹：

"以后一直是好朋友啦！"

我对咸的第一印象是：这个女生又热情又克制，分寸拿捏得刚刚好。

那是我进公司的第一天，她主动提出带我去买饭。到了餐馆，服务员问堂食还是打包，我想也没想就找了个位置坐下。

咸先是愣了一下，然后笑嘻嘻地走过来说："我们打包回去，各吃各的。"我这时才反应过来，她为什么说的是买饭，而不是吃饭。虽然有点尴尬，但我心里是高兴的，因为这就说明，她跟我一样在意边界感，并且不会为了迁就我而选择在并不熟悉的时候就让两个人尴尬地坐在一起吃饭。

我欣赏她工作时强硬的态度，她会因为不合理的要求而和供应商拍桌子吵架，也会在同事遇到困难时主动帮忙。在她身上我学到了很多，也弥补了自己欠缺的职场经验。

有一次我们都喝多了，她很直爽地表示她喜欢我，想和我做朋友。我并不觉得自己做了什么很优秀或者出彩的事情，但她却认真地告诉我，**当你放肆且真诚地做好你自己的时候，你身上的光自然会吸引到他人的目光。**是她让我知道了，**你不需要多么优秀，欣赏你的人自然会站到你身后。**

有一次我们在山顶聊天，她向我倾诉她的困惑。

我告诉她："很喜欢你带刺的样子，保持就好了。"

飞是1996年出生的女孩。我面对比我年轻太多的年轻人心理上多少有些抗拒，因为曾经被一位前同事伤害过。有一天会后大家闲聊，那位前同事说要去看演出，我顺嘴问了一句："看谁的演出呀？"她不耐烦地回了一句："那种Live House（酒吧）里的。"那个不屑的表情像极了我小时候觉得跟父母有代沟，跟他们讲话时不耐烦的样子。

在和飞的相处中，我丝毫没有觉得自己是个比她大8岁的"老人"，无论面对谁，她永远生机勃勃，以至于被她感染，我也变得充满活力。

我们去宜家吃冰激凌，下班后坐 25 站地铁去看演出，爬完山后还有体力大口吃铁锅炖鸡。

别看她是公司里年纪最小的，却最懂得安慰人。比如创意会上我们的提案没被采用，她会细心地照顾到我们的情绪，还会特意跟我说，不要灰心，是客户没眼光。

当感到被维护、被信任时，人自然地愿意交付真心，与之成为朋友。

秋是我很喜欢的那类女孩，大方、热情、真诚、温暖。我想，我们从同事到朋友的转变，是从她约我去散步遛狗开始的。

彼时我厌烦极了朋友约我喝酒、逛街、吃夜宵，对当时的我来说，任何社交都是一种精力和时间的耗损，唯有散步能让我平静下来，感受活着的时刻。

那天我们畅所欲言地聊了两个多小时，她跟我讲小时候妈妈给她做漂亮公主裙的故事，我给她看小狗小时候的照片。公园的路上很安静，我们一路上聊着彼此的生活和成长，眼前的人变得更具体、可爱。

逐渐熟悉后，我们出差去西双版纳，一起吃她从小吃到大的米干，逛热带植物园，骑电动车路过澜沧江。我们一起看展览，打网球，"打卡"咖啡店和面包店，共同营造了很多以后回想起来一定会觉得很幸福的瞬间。和合拍的人待在一起，真的会发自内心地大笑，感到幸福。

了解得越深入，我越发现她的好，她是我见过的最细心的人。约我去露营前，她会特意先学习怎么搭帐篷；教我酿梅子酒，她会直接发链接让我购买所需的食材；我出差去厦门时，她会把曾经去厦门旅游时做的详细攻略分享给我……这也同时让我意识到，我要回报她的善意和热情。

她就像为我打开了新世界的一道门，带给我的生活新的视角新的体验。

很多人拒绝无效社交，选择只和同事保持工作的关系。对我来说，建立深度的情感连接，能让我发现更多人性中美好的部分，得到情感的滋养。

当然我也遇到过居心叵测的同事，被坑被利用，但我不会因为受过几次伤害，就收起自己的真心。反而变得更有能力去识别，哪些同事可以成为朋友。

朋友，永远是我工作中最宝贵的收获。他们就像一面面镜子，我从他们身上照见了我所欣赏却又不曾拥有的品质，并不断完善和修补自己。不要因为是同事就保持着戒备，否则我们会失去很多获得真朋友的机会。

要想内核稳，就不要怕被拒绝

被拒绝，不代表对我的否定，不代表我没有价值，不是因为我还不够优秀，只是一件结果由别人决定的事情而已。

文 / 排版 002

作为一个天生不会拒绝的人，我也害怕被人拒绝。

能大方接受被人拒绝，有助于锻炼自己的稳定内核。但对一个高敏感的人来说，真的不容易做到，也因此会错过很多。

之前，我所在的公司有一位很喜欢且欣赏的同事姐姐，她的阅历和生活状态让我对 30 岁充满了向往，我很想和她成为朋友。好几次想约她周末出来喝酒，但还没开口，脑海里就会冒出"她肯定有更要紧的约会""她肯定不想跟我这种愣头青社交""我还是不要让她为难了"的声音，因为害怕被拒绝，所以还没开口就给自己预设了种种障碍，每每想要靠近，却总是第一时间就被自己劝退了。不久之后她离职了，我本想请她吃离职餐，又顾虑自己跟她没那么熟，始终没有开口。现在想起来还是很后悔，因为怕被拒绝，怕自己没资格和她成为朋友，我都没有尝试过，就永远失去了这个机会。

在上一家公司工作了3年，我从来没有主动找领导提过加薪，我怕他会说我的表现还达不到他的预期，怕被拒之后尴尬，不知道怎么面对他。虽然我自认为各方面的工作都完成得不错，也做出过好作品，但因为他从来没有当面肯定过我，这让我时常自我怀疑，是否自己过于自信了，是不是自己并没有达到老板的预期。直到离职后，我才知道比我晚入职3年的同事工资都比我高，而我却在一次次的犹豫和自我否定中错失了很多升职加薪的机会，心理严重不平衡，不过为时已晚，只能捶胸顿足，懊悔不已。

可能是这一次吃亏跟利益直接相关，于是我开始有意识地调整自己害怕被拒绝的心态。后来我了解到，这是一种叫作"拒绝敏感性"的人格倾向，被拒绝时会产生过度的负面反应，严重损害一个人的自尊、幸福感和人际关系。因为太害怕被拒绝，所以会在开口前做出种种被拒绝的假设，预支自己的焦虑；因为过度地在意，所以总是在蛛丝马迹中寻找可能被拒绝的证明，又在失去机会后徒增烦恼。

拿我自己来说，其实最根本的原因就是内核不稳，不够自信，容易因为别人的拒绝灰心丧气，觉得被拒绝就是被否定了，然后陷入自我怀疑的泥沼。后来在查资料的时候，我看到一个 TED 的演讲，里面提到一个方法叫"被拒治疗法"，具体做法是主动向人提出不太实际的请求让对方拒绝，持续 30 天。

这个方法还蛮奏效的，我尝试过买衣服疯狂砍价，找不熟的同事借钱，找 10 年没联系的小学同学帮我购物链接"砍一刀"或者助力抢票，问合租的朋友能不能免我一个月房租，凌晨约朋友看日出，问邻居能不能帮我遛狗，找老板减轻我的工作量等。有被直接拒绝的，也有跟我解释原因后婉拒的，最令我感到意外的是，老板很重视我的提议，找我沟通了很久，最后满足了我的要求。

于我来说，这也是一种脱敏疗法。在这个过程中，我的脸皮越来越厚，心态越来越松弛，自信心也在慢慢恢复。原来被拒绝真的没什么大不了的，以前完全是脑海里的预设太多，想象力过于丰富，把恐惧放大了而已。想太多真的会让人寸步难行。只要勇敢的次数够多，成功的次数就更多！

被拒绝，不代表对我的否定，不代表我没有价值，不是因为

我还不够优秀，只是一件结果由别人决定的事情而已，重要的是，我自己要先勇敢地去做这件事儿。被拒绝，也并不就代表着失败，无非是在累积经验，只有这样，我们对自己的认知才能越客观。

之前跟一位朋友关系很好，她很欣赏我，当我得知她创业开公司后，了解到她公司的业务是我所感兴趣的，由于汲取了之前的教训，这次我便主动请缨，希望能加入她的团队。她明确地拒绝了，原因是我擅长的事情在她这里没有发挥空间。这件事儿非但没有伤害我们的感情，还让我更客观地认识到了自己的职业发展路径，同时，也让我切身感受到，真正的友谊经得起被拒绝，原来被拒绝也不是什么让人难堪的事情。

不怕拒绝后，我开始试着主动争取机会或者敢于提出自己的要求。比起害怕失望，先给自己希望，这样才能离自己想要做的事儿更近，朝着自己喜欢的方式去生活。我会主动去联系出版社出书，虽然被拒，但我立马安慰自己说，《哈利·波特》第一本书得以出版前，J.K.罗琳也被拒绝了无数次，被拒绝是成长的开端！

有一年夏天，在小区里遛弯的时候看见一位大爷在抓常见的那种知了，他手上拿着一个装着一半水的矿泉水瓶，瓶里装了十几只的样子。刚好听说知了在地底下藏了7年才换来7天的生命，我对它产生了兴趣，于是斗胆问大爷能不能教我怎么抓。大爷并没有把我列为"竞争对手"而拒绝我，反而热情地把他几十年抓知了的经验倾囊相授。如果不是因为克服了怕被拒绝的羞耻感，我就不会解锁这次抓知了的体验。

有一次，和一位喜欢的诗人合作，想加她微信被拒，但她友好地说，她只用微信来对接她的工作人员，一律不加外人，工作外也不会使用，最后还送了我一本签名诗集感谢我对她的喜爱。那是我第一次主动找人加微信，从那以后，加好友这件事儿变得轻而易举了。

到目前为止，最大胆的一次还是在我面试一家心仪的公司时。面试没通过之后，我写了很长一封邮件给面试官，再次替自己争取入职的机会。很奇怪，当时我几乎没想过要是再次被拒绝怎么办，想的更多的是：不试试怎么知道呢？最终我的真诚打动了面试官，这也让我更加坚信：要想梦想成真，第一步就是要先开口。哪怕最后还是没有拿到offer，我也不会因此否定自己的价值，只不过是工作经验没有完全匹配而已。

说到底，就是大胆去做你想做的事儿，最糟糕的结果也不过是被拒绝而已。虽然说有很多道理我们小时候就听过，但只有真的经历过，才能把听来的道理变成自己的人生经验。

有意思的是，害怕被拒绝的人，往往也害怕拒绝别人。同理心用错了地方，担心拒绝会伤害别人，连去美容店都狠不下心拒绝办卡。不如直接表达自己的真实想法，主动让自己实现更大的跨越。被拒绝了又怎么样？我们总要在学着被拒绝和拒绝别人的过程中，不断地修正自己，了解自己的潜能和底线。

不怕被拒绝是明确自己要做什么，而不怕拒绝别人是明确自己不要做什么，两者都能让我们变得更笃定。

别当毫无底线的"好人"

过分的善良就是愚蠢,你完全没有必要取悦别人。

文 / 保安 007

我一直保持着每周至少踢一场足球的习惯,在这个过程中我也结识了一些球友。有一次我们约了一支球队打友谊赛,我特意给球友小邱打电话提醒他周五晚上不要迟到,他满口答应,但是到了周五比赛的时候却放了我鸽子。

大家聚齐热身等待开赛的时候,我才接到小邱的电话,电话里他支支吾吾:"哥,对不起了,我没法去参加比赛了。"临阵缺席,大家虽然有些不满,但也都不好说什么。

小邱是个早婚的程序员,性格很和善。他还是个体力"怪物",特别能跑的他是我们球队的绝对主力,球队里的人也都很喜欢他。

果然少了他这个绝对主力，我们队以输2球的结果落败了。晚上到家我用微信和他说明战况，他也和我说了他缺阵的原因：小邱和他的爱人结婚不久，两人的工作平时加班比较多。这周他老婆突然和他说公司周五晚上不加班，她可以早点下班。小邱虽然特别想来踢比赛，但又觉得老婆好不容易可以早回家，最后还是选择放弃之前约定的比赛。

有很多人像小邱一样，在一段关系中很想去做一个"好人"。不想让对方失望，希望对方能对自己百分百的满意，有时候宁可委屈自己，也不想说出拒绝对方的话语。他们不愿意表达自己的需求，甚至可以为了迁就对方而违背自己的原则。久而久之，不良的情绪越攒越多，渐渐就形成了精神内耗。**毫无底线的迁就会让一个人陷入是非不分的困境，没有原则的善良也是另一种意义上的恶行。**

任何时候都想做一个"好人"并没有那么好，这种想法很容易把自己困在自己造成的道德枷锁中无法自拔。这样的社会枷锁太多了，比如："好丈夫"就应该无条件地满足妻子的需求，"好儿媳"就应该无条件地孝敬老人，"好妈妈"任何时候都不能对孩子发火、生气，等等。我们困在一个个所谓"好人"标签中，不知不觉陷入"好人陷阱",它不但浪费了你的时间和精力,久而久之还会让人们产生你是"滥好人"的印象。与其有时违背本心做一个"滥好人",不如痛痛快快地去做你认为正确的事儿。

我们要明白,人无完人,这个世界上有人喜欢你,就一定会有人讨厌你。你无原则的善意有时候可能会伤害到别人。太在乎别人对自己的看法,太在乎别人的感受,会活得很累。过分的善良就是愚蠢,你完全没有必要取悦别人。

说出自己的想法,共同商量,而不是想当然地去判断,或许这才是真正的良性关系。

说"不"其实也没有那么难,甚至也可以不那么生硬,你的善良必须带一些理性,这样其实更有利于关系的良性发展。学会拒绝那些不喜欢的事物,拒绝别人不合理的要求,哪怕对方是我最亲近的人。这样才能抵消单方面的情绪积攒,避免自我消耗。

确实,想做一个让所有人都百分百满意的"好人",需要付出巨大的勇气。因为你必须抛弃自己——自己的想法、感受、喜好、需求——所有真实的自己。这种自我扭曲的"完美",无异于一种自我感动式的牺牲。

爱一个人，相处之道是相互理解，互相尊重对方的差异，而非单方面取悦。如果我的选择让你不快乐，我更希望你直言相告，而不是带着隐忍的微笑迁就我。

没有底线和原则的善良会模糊了关系的界限。 当我们在乎一个人时，也许更容易选择迁就，生怕一个"不"字会让他伤心或离去。但这恰恰封锁了真诚沟通的可能。你的退让也许会让他暂时开心，但长此以往会隐藏问题，积压矛盾。而坦诚相对的勇气，才是天长地久的钥匙。

请记住，在任何关系中，不要毫无底线地退让。站在自己真实的位置上，学会表达诉求。我知道这需要勇气，但对于一段成熟关系而言，这种勇气不可或缺。